"十四五"高等职业教育计算机类专业规划教材

U0180533

网页设计与制作项目驱动式教程

郎永祥　　刘晓洪　　邓长春◎主编

中国铁道出版社有限公司
CHINA RAILWAY PUBLISHING HOUSE CO., LTD.

内 容 简 介

　　本书从实用的角度出发，采用"项目驱动，任务引领"的编写模式对网页设计与制作中的相关知识点进行详细讲解。全书共分为19个项目，每个项目按知识点由浅入深地组织任务，通过任务实现，帮助读者快速入门并能熟练掌握相关的操作技能。本书理论部分与实践部分的比例恰当，特别适合高等职业教育注重实际能力的培养目标。

　　本书适合作为高职高专、成人高校及本科院校的二级职业技术学院、继续教育学院和民办高校相关专业的教材，也可作为信息技术培训机构的培训用书，还可作为网页设计与制作人员、网站建设与开发人员、数字媒体设计与开发人员的参考书。

图书在版编目（CIP）数据

网页设计与制作项目驱动式教程/郎永祥, 刘晓洪, 邓长春
主编. —北京:中国铁道出版社有限公司, 2021.8
"十四五"高等职业教育计算机类专业规划教材
ISBN 978-7-113-28243-1

Ⅰ. ①网… Ⅱ. ①郎… ②刘… ③邓… Ⅲ. ①网页制作工具-
高等职业教育-教材 Ⅳ. ①TP393.092.2

中国版本图书馆CIP数据核字（2021）第167442号

书　　名：网页设计与制作项目驱动式教程
作　　者：郎永祥　刘晓洪　邓长春

策　　划：汪　敏　　　　　　　　　　　　　编辑部电话：(010) 51873628
责任编辑：汪　敏　许　璐
封面设计：刘　颖
封面制作：曾　程
责任校对：安海燕
责任印制：樊启鹏

出版发行：中国铁道出版社有限公司（100054，北京市西城区右安门西街8号）
网　　址：http://www.tdpress.com/51eds/
印　　刷：三河市宏盛印务有限公司
版　　次：2021年8月第1版　2021年8月第1次印刷
开　　本：787 mm×1 092 mm　1/16　印张：16　字数：379千
书　　号：ISBN 978-7-113-28243-1
定　　价：46.00元

　　随着计算机网络信息技术的快速发展，网络传媒已成为当今主流媒体，而网站则是网络传媒的一种很好的载体。网站以其投入小、覆盖面广、传播速度快而深受广大企业青睐。目前很多企业都有属于自己的网站，因此，市场对网页设计与制作方面的人才需求也很大。

　　本书从实用的角度出发，采用"项目驱动，任务引领"的编写模式对网页设计与制作中的相关知识点进行讲解，通过具体任务实践，能让读者快速入门并熟练掌握相关的操作技能。

　　本书分为十九个项目，每个项目按知识点由浅到深组织任务，各项目内容概况如下：

　　项目一 网页制作开发工具与开发语言，对常用的网页开发工具和网页开发语言做了介绍。

　　项目二 创建与管理站点，包括创建本地站点、管理本地站点、管理本地站点中的文件等。

　　项目三 HTML 文档及 HTML 标签，包括创建 HTML 文档、H 标签应用、Meta 标签应用等。

　　项目四 文本元素应用，包括插入文本元素、编辑文本元素等。

　　项目五 图像元素应用，包括插入普通图像、插入背景图像、插入图像占位符、制作鼠标经过图像效果等。

　　项目六 多媒体元素应用，包括插入 Flash 动画、插入 FLV 视频文件、插入 WMV 视频文件、制作背景音乐等。

　　项目七 超链接元素应用，包括内部链接应用、外部链接应用、锚点链接应用等。

　　项目八 表格元素应用，包括表格元素的插入与设置、运用表格进行网页布局等。

　　项目九 框架元素应用，包括框架导航应用、浮动框架应用等。

　　项目十 表单元素应用，包括制作用户注册页面。

　　项目十一 列表元素应用，包括无序列表应用、有序列表应用等。

　　项目十二 网页元素综合应用，包括对网页元素灵活运用，制作出一个图文并茂，有声有色、页面和谐的静态网站。

　　项目十三 CSS 样式表应用，包括行内样式应用、内部样式应用、外部样式应用等。

项目十四 DIV 层应用，包括层的重叠与嵌套、层的隐藏与显示、DIV+CSS 网页布局应用等。

项目十五 Spry 框架应用，包括 Spry 菜单栏应用、Spry 选项卡式面板应用、Spry 折叠式面板应用、Spry 可折叠面板应用等。

项目十六 JavaScript 应用，包括 JavaScript 基本语法、程序编写、页面特效等。

项目十七 应用行为创建页面动态效果，包括制作弹出窗口效果、制作交换图像效果、制作拖动 AP 元素效果等。

项目十八 动态网页开发应用，包括 IIS 组件的安装与配置、表单数据的读取与输出、制作用户注册系统、制作用户登录系统等。

项目十九 移动设备网页开发应用，包括通过流体网格布局创建移动设备网页、通过示例文件创建移动设备网页等。

本书为校企合作创新型精品教材，由重庆城市管理职业学院富有实际项目开发经验的郎永祥、刘晓洪、邓长春主编。在编写过程中，得到了重庆红透科技有限公司、重庆邮政公司的大力支持，企业人员车世强、刘治洪全程参与并指导本书的编写，在此表示衷心的感谢！

本书相关任务的网页源码及素材下载地址为 https://pan.baidu.com/s/1ZdfvW7j7CjvrjaehD4DDcA，提取码：dhyb。

由于编者水平有限，书中难免存在疏漏和不足之处，敬请同行和广大读者批评指正。

编 者
2021 年 4 月

目 录

项目一 网页制作开发工具与开发语言 1

任务一 常用网页开发工具 1

任务二 常用网页开发语言 4

思考与练习 5

项目二 创建与管理站点 6

任务一 创建本地站点 6

任务二 管理本地站点 9

任务三 管理本地站点中的文件 10

知识拓展 11

思考与练习 14

项目三 HTML 文档及 HTML 标签 16

任务一 创建 HTML 文档 16

任务二 H 标签应用 20

任务三 Meta 标签应用 22

思考与练习 25

项目四 文本元素应用 28

任务 插入与编辑文本元素 28

思考与练习 33

项目五 图像元素应用 34

任务一 插入普通图像 34

任务二 插入背景图像 38

任务三 插入图像占位符 40

任务四 制作鼠标经过图像效果 42

知识拓展 45

思考与练习 46

项目六 多媒体元素应用 48

    任务一　插入 Flash 动画.. 48
    任务二　插入 FLV 视频文件 50
    任务三　插入 WMV 视频文件 51
    任务四　制作背景音乐 53
    思考与练习 54

项目七 超链接元素应用 55

    任务一　内部链接应用 55
    任务二　外部链接应用 58
    任务三　锚记链接应用 60
    思考与练习 62

项目八 表格元素应用 65

    任务一　表格元素的插入与设置 65
    任务二　运用表格进行网页布局 68
    知识拓展 72
    思考与练习 75

项目九 框架元素应用 77

    任务一　框架导航应用 77
    任务二　浮动框架应用 80
    知识拓展 82
    思考与练习 84

项目十 表单元素应用 87

    任务　制作用户注册页面 87
    知识拓展 91
    思考与练习 95

项目十一 列表元素应用 97

    任务一　无序列表应用 97
    任务二　有序列表应用 99
    知识拓展 100
    思考与练习 102

项目十二 网页元素综合应用 105

  任务 制作文学欣赏网站 105
  思考与练习 112

项目十三 CSS 样式表应用 113

  任务一 行内样式应用 113
  任务二 内部样式应用 118
  任务三 外部样式应用 121
  知识拓展 124
  思考与练习 134

项目十四 DIV 层应用 138

  任务一 层的重叠与嵌套 138
  任务二 层的隐藏与显示 142
  任务三 DIV+CSS 网页布局应用 145
  知识拓展 147
  思考与练习 149

项目十五 Spry 框架应用 154

  任务一 Spry 菜单栏应用 154
  任务二 Spry 选项卡式面板应用 157
  任务三 Spry 折叠式面板应用 159
  任务四 Spry 可折叠面板应用 161
  知识拓展 162
  思考与练习 167

项目十六 JavaScript 应用 170

  任务一 JavaScript 基础 170
  任务二 制作图片滚动效果 179
  任务三 自定义函数计算圆的面积 181
  思考与练习 182

项目十七 应用行为创建页面动态效果 183

  任务一 制作弹出窗口效果 183
  任务二 制作交换图像效果 186

任务三 制作拖动 AP 元素效果 ………………………………………… 187

知识拓展 …………………………………………………………………… 188

思考与练习 ………………………………………………………………… 190

项目十八 动态网页开发应用 ……………………………………………… 192

任务一 IIS 组件的安装与配置 ……………………………………… 192

任务二 表单数据的读取与输出 ……………………………………… 198

任务三 制作用户注册系统 …………………………………………… 205

任务四 制作用户登录系统 …………………………………………… 212

知识拓展 …………………………………………………………………… 214

思考与练习 ………………………………………………………………… 223

项目十九 移动设备网页开发应用 ………………………………………… 226

任务一 通过流体网格布局创建移动设备网页 ……………………… 226

任务二 通过示例文件创建移动设备网页 …………………………… 229

知识拓展 …………………………………………………………………… 231

思考与练习 ………………………………………………………………… 232

附录 ………………………………………………………………………… 233

附录 A HTML5 标签 ………………………………………………… 233

附录 B ASP 函数及对象 …………………………………………… 237

附录 C 思考与练习参考答案 ……………………………………… 240

项目一

网页制作开发工具与开发语言

学习目标

- ❏ 了解常用网页制作开发工具。
- ❏ 了解常用网页开发语言。

项目简介

网页开发涉及前台网页制作、后台管理程序设计和数据设计等三方面。常用的网页制作开发工具有 Dreamweaver、Sublime Text、HBuilder、Visual Studio Code、Adobe Edge 等。网页开发语言从简单的 HTML 到复杂的 Web 开发语言 ASP、ASP.NET、PHP、JSP 等。本项目主要介绍几款目前较为流行的网页制作开发工具和网页开发语言。

本项目需要完成的任务：

任务一 常用网页开发工具。

任务二 常用网页开发语言。

项目实施

任务一 常用网页开发工具

一、任务描述

本任务要求读者了解目前主流网页制作开发工具，了解各开发工具的风格特点，并根据自己的爱好，选择一种开发工具进行网页制作开发。任务要求如下。

(1) 认识 Dreamweaver。

(2) 认知 Sublime Text。

(3) 认识 HBuilder。

(4) 认识 Visual Studio Code。

(5) 认识 Adobe Edge。

二、任务实施

1. 认识 Dreamweaver

Adobe Dreamweaver（中文名称：梦想编织者），最初由美国 Macromedia 公司开发，在 2005 年，被 Adobe 公司收购。Dreamweaver 是集网页制作和网站管理于一身的"所见即所得"网页代码编辑器。拥有可视化编辑界面，支持代码、拆分、设计、实时视图等多种方式来创作、编写和修改网页，可支持 HTML、CSS、JavaScript 等内容，网页开发者可以在任何地方进行快速的网页制作和网站建设。

1997 年 12 月，Macromedia 公司发布了 Dreamweaver 1.0，Macromedia 时代，DW 最高版为 Dreamweaver 8.0；Adobe 公司收购 Macromedia 公司后发布了 Adobe Dreamweaver CC3，Adobe 时代，DW CS 系列最高版本为 Dreamweaver CC6，目前最新版本为 Dreamweaver CC 2020。Dreamweaver 界面如图 1-1 所示。

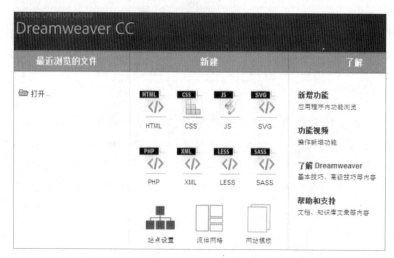

图 1-1　Dreamweaver 界面

2. 认识 Sublime Text

Sublime Text 是一个轻量、简洁、高效、跨平台的编辑器，同时支持 Windows、Linux、Mac OS X 等操作系统，也是 HTML 的文本编辑器。SublimeText 支 持 CSS、HTML、JavaScript、C、C++、C#、D、Erlang、Groovy、Haskell、Java、LaTeX、Lisp、Lua、Markdown、Matlab、OCaml、Perl、PHP、Python、R、Ruby、SQL、TCL、Textile、XML 等主流编程语言。Sublime Text 界面如图 1-2 所示。

3. 认识 HBuilder

HBuilder（H 是 HTML 的缩写，Builder 是建设者）是一款支持 HTML5 的 Web 集成开发环境。HBuilder 的代码提示系统很庞

图 1-2　Sublime Text 界面

大，支持多种语法提示模型，Web 项目有内置的 HTML、JS、CSS 语法库。HBuilder 主要用于开发 HTML、JavaScript、CSS，同时配合 HTML 的后端脚本语言，如 PHP、JSP 等语言

也可以适用。HBuilder 可通过完整的语法提示和代码输入法、代码块等，大幅提升 HTML、JavaScript、CSS 的开发效率。HBuilder 界面如图 1-3 所示。

图 1-3　HBuilder 界面

4. 认识 Visual Studio Code

该编辑器支持多种语言和文件格式的编写，截止 2019 年 9 月，已经支持了如下 37 种语言或文件：HTML、CSS、JavaScript、F#、HandleBars、Markdown、Python、Java、PHP、Haxe、Ruby、Sass、Rust、PowerShell、Groovy、R、Makefile、JSON、TypeScript、Batch、Visual Basic、Swift、Less、SQL、XML、Lua、Go、C++、Ini、Razor、Clojure、C#、Objective-C、Perl、Coffee Script、Dockerfile、Dart。Visual Studio Code 界面如图 1-4 所示。

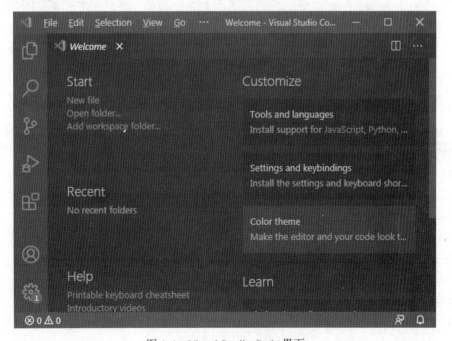

图 1-4　Visual Studio Code 界面

5. 认识 Adobe Edge

Adobe Edge 是 Adobe 公司的一款新型网页互动工具。无须 Flash，该工具允许设计师通过 HTML5、CSS 和 JavaScript 制作网页动画。Adobe Edge 的目的是帮助专业设计师制作网页动画乃至简单游戏。该工具的侧重点在动画引擎上，但 Adobe 公司承诺将增加更多 HTML5 功能，如 Canvas、HTML5 音频 / 视频标签等。Adobe 于 2014 年正式推出 Adobe Edge Animate CC，集成了 HTML5、JS、CSS 的开发工具。

任务二 常用网页开发语言

一、任务描述

本任务要求读者了解目前主流网页制作开发语言，了解各开发语言特点，任务要求如下。

(1) 认识 ASP。

(2) 认识 ASP.NET。

(3) 认识 JSP。

(4) 认识 PHP。

二、任务实施

网页开发涉及前台网页制作、后台管理程序设计等方面。前台网页制作主要通过 HTML，CSS 及 JavaScript 以及衍生出来的各种技术、框架、解决方案，来实现互联网产品的用户界面交互。后台管理则用于管理网站前台的一系列操作，如增加、更新、删除数据等。后台管理程序设计使用的开发语言主要是 ASP、ASP.NET、JSP、PHP 等。

1. 认识 ASP

ASP（Active Server Pages，动态服务器页面）是一种使得网页中的脚本在因特网服务器上被执行的技术。ASP 是微软公司开发的代替 CGI 脚本程序的一种应用，它可以与数据库和其他程序进行交互，是一种简单、方便的编程工具。ASP 的网页文件的格式是 *.asp，常用于各种动态网站中。ASP 是一种服务器端脚本编写环境，可以用来创建和运行动态网页或 Web 应用程序。ASP 网页可以包含 HTML 标记、普通文本、脚本命令以及 COM 组件等。

2. 认识 ASP.NET

ASP.NET 是新一代 ASP。它与经典 ASP 是不兼容的，但 ASP.NET 可以包括经典 ASP。ASP.NET 页面是经过编译的，这使得它们的运行速度比经典 ASP 快。

ASP.NET 是一个使用 HTML、CSS、JavaScript 和服务器脚本创建网页和网站的开发框架。ASP.NET 支持 3 种不同的开发模式：Web Pages（Web 页面）、MVC（Model View Controller，模型 - 视图 - 控制器）、Web Forms（Web 窗体）。

ASP.NET 页面的扩展名是 .aspx，通常是用 VB（Visual Basic）或者 C#（C sharp）编写。当浏览器请求 ASP.NET 文件时，ASP.NET 引擎读取文件，编译和执行脚本文件，并将结果以普通的 HTML 页面返回给浏览器。

ASP.NET 开发工具一般为 Visual Studio。

3. 认识 JSP

JSP（Java Server Pages，Java 服务器页面）是一种动态网页开发技术，JSP 技术是以 Java

语言作为脚本语言的，它使用 JSP 标签在 HTML 网页中插入 Java 代码，标签通常以 <% 开头以 %> 结束。JSP 将 Java 代码和特定变动内容嵌入静态的页面中，JSP 网页为整个服务器端的 Java 库单元提供了一个接口来服务于 HTTP 的应用程序，实现以静态页面为模板，动态生成其中的部分内容。

JSP 是一种 Java servlet，主要用于实现 Java web 应用程序的用户界面部分。网页开发者通过结合 HTML 代码、XML 元素以及嵌入 JSP 操作和命令来编写 JSP。JSP 文件的默认文件扩展名是 ".jsp"

JSP 是与 PHP、ASP.NET 等高级语言类似，不能直接在浏览器中运行，是需要运行在服务端的语言。使用 JSP 语言开发网页则需搭建开发环境，用来开发、测试和运行 JSP 程序。

JSP 开发工具一般为 Eclipse。

4. 认识 PHP

PHP（Pre Hypertext Preprocesso，超文本预处理器）是一种创建动态交互性站点的强有力的服务器端脚本语言。PHP 是在服务器端执行的脚本语言，尤其适用于 Web 开发并可嵌入 HTML 中。由于 PHP 是开源免费的，因此使用非常广泛。

PHP 文件可包含文本、HTML、JavaScript 代码和 PHP 代码，PHP 代码在服务器上执行，结果以纯 HTML 形式返回给浏览器，PHP 文件的默认文件扩展名是 ".php"。

PHP 是目前最流行的网页编程语言之一，据统计，使用 PHP 开发的网站全球超过 2 亿多个，有全球超过 80% 的公共网站在服务器端采用 PHP。

MySQL 对 PHP 有很好的支持，PHP 与 MySQL 结合是跨平台的，可以在 Windows 上开发，在 Unix 平台上应用。

PHP 开发工具比较多，如集成开发环境 PHP IDE（Zend Studio、Eclipse for PHP）、文本编辑器 VS Code、EditPlus、UltraEdit 等。

提示：本书所有项目任务及练习均使用 Dreamweaver 开发工具。

思考与练习

简答题

1. 如何搭建 JSP 开发环境？
2. 如何搭建 ASP、ASP.NET 开发环境？

项目二

创建与管理站点

学习目标

- 了解本地站点、远程站点的基本概念。
- 了解站点及站点结构。
- 掌握站点的规划方法。
- 会创建本地站点。
- 会管理本地站点。

项目简介

创建站点是网页设计之前必须进行的准备工作，站点用于存储和管理网站中的各种网页文档，以及与网站相关的各种资源。本项目要求读者理解站点相关的概念，掌握如何规划站点，会创建站点、管理站点、管理站点文件及文件夹，最终达到利用站点工具对站点进行管理的目的。

本项目需要完成的任务：

任务一 创建本地站点。

任务二 管理本地站点。

任务三 管理本地站点中的文件。

项目实施

任务一 创建本地站点

一、任务描述

在本地磁盘创建站点文件夹 WebTest，利用 Dreamweaver 的站点管理工具创建本地站点，站点命名为 WebTest。通过本任务，读者需要掌握创建本地站点的方法。

二、知识储备

1. Dreamweaver 站点

Dreamweaver 站点是一种管理网站中所有文件的工具。"站点"既表示 Web 站点，也表示属于 Web 站点的文件在本地磁盘上的存储位置。通过树型结构来展示网站的内容分布，从而实现对站点布局及细节内容的展示及修改，这项功能对于网页设计者非常有用。

简单地说，站点就是一个文件夹，是关于网站中所存放文件的一个集合。站点中的文件通过各种链接关联起来，浏览者利用浏览器浏览各种链接的网页文件，从而实现对整个网站的浏览。站点建立后，用户在设计网页时可随时通过站点对网站内的各类素材进行统一管理，使之井然有序、一目了然。

浏览者使用浏览器所看到的网页是保存在 Web 服务器上相应站点中的网页文件。一台 Web 服务器上可以同时有多个站点，每个站点由多个网页、图像、视频等文件和相关文件夹组成。站点由网站开发人员设计制作，然后通过站点管理软件上传到服务器，并对其进行更新和维护。

2. 本地站点与远程站点

（1）本地站点是直接建立在本地计算机上的站点。一般为网站开发者的计算机工作目录，是存放网页、素材的本地文件夹，开发者能够在本地计算机的磁盘上构建出整个网站，编辑相应的文档并对站点进行管理。

（2）远程站点是发布到 Web 服务器上的站点。人们在 Internet 上浏览的各种网站，其实就是用浏览器打开存储于 Internet 服务器上的网页文件以及与网页相关的各种资源。我们通常将存储在 Internet 服务器上的站点称为远程站点。

通过 Dreamweaver 中的"管理站点"配置，本地站点和远程站点可以实现在本地磁盘和 Web 服务器之间传输文件，这样就可轻松地管理 Dreamweaver 站点中的文件和各种素材了。

三、任务实施

（1）在本地磁盘（如 F 盘）下创建用来存放站点的文件夹 WebTest（F:\WebTest）。

（2）启动 Dreamweaver → 选择"站点"菜单 → 选择"新建站点"（或选择"管理站点"项 → 单击"新建站点"），如图 2-1 所示。

图 2-1　新建站点

（3）在"站点设置对象"对话框中选择"站点"选项 → 在"站点名称"文本框中输入站点名称（WebTest）→ 在"本地站点文件夹"右侧单击"浏览文件夹"按钮，选择事先创建好的站点文件夹（F:\webtest\），单击"选择"按钮 → 保存，如图 2-2 所示

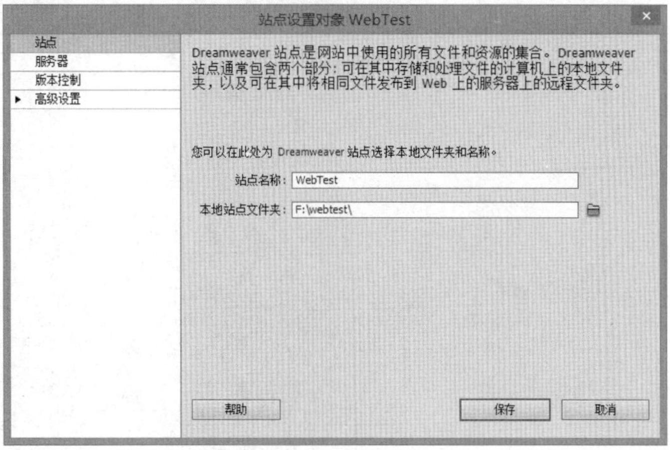

图 2-2　设置站点名称和路径

（4）选择"服务器"选项→单击"添加新服务器" ➕ 按钮（图 2-3）→在弹出的对话框中，输入"服务器名称"，选择"连接方法"为"本地／网络"选项（图 2-4）→单击"高级"→在"测试服务器"选项区"服务器模型"下拉列表中选择"ASP VBScript"→保存，如图 2-5 所示。

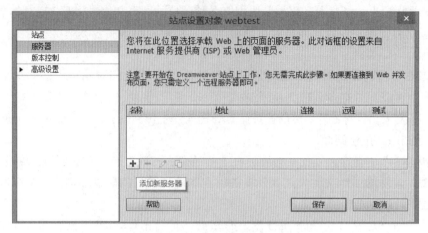

图 2-3　添加新服务器

图 2-4　设置服务器

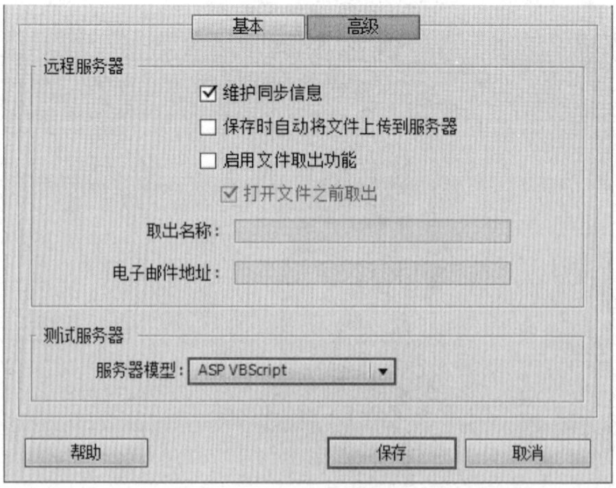

图 2-5　设置服务器模型

> **提示**：图 2-4 中"服务器文件夹"和"Web URL"两项需要创建了 Web 服务器后方可设置，Web 服务器的配置将在后面项目中讲解。如未创建 Web 服务器，这里的"服务器文件夹"选项可以暂时不设置。

（5）在"站点设置对象"对话框中，单击"保存"按钮。

通过上面的操作，在"文件"面板中就可看到创建的本地站点文件，如图 2-6 所示。

图 2-6 站点文件夹

> **提示**：后面各项目中的各任务实例文件均保存在 WebTest 站点中。

任务二 管理本地站点

一、任务描述

通过对前一个任务的学习，我们掌握了创建本地站点的方法，对于创建好的站点还需要管理维护，本任务需要读者学会对站点的编辑、复制、导出及删除等的操作，任务要求如下。

（1）编辑 WebTest 站点，把"本地站点文件夹"更改为 MyTest 文件夹。

（2）复制 WebTest 站点，并重命名为 MyWebSite。

（3）导出 MyWebSite 站点，并保存到 D 盘中，文件名为 MyWebSite。

（4）删除 MyWebSite 站点。

（5）导入 MyWebSite 站点。

二、任务实施

1. 编辑 WebTest 站点

把"本地站点文件夹"更改为 MyTest 文件夹。启动 Dreamweaver →单击"站点"菜单→单击"管理站点"→从站点列表中选择"WebTest"站点，单击"编辑" 🖉按钮→在"站点"选项中的"本地站点文件"处单击"浏览文件夹" 📁图标，在打开的"选择根文件夹"对话框中找到"MyTest"文件夹，单击"选择"按钮→编辑完成后，单击"保存"按钮，返回到"管理站点"对话框，单击"完成"按钮编辑完成。

2. 复制 WebTest 站点

启动 Dreamweaver →单击"站点"菜单→单击"管理站点"→从站点列表中选择"WebTest"站点，单击"复制" 🗇按钮→此时在站点列表中可以看到复制的站点（WebTest 复制）→选中"WebTest 复制"站点→ 单击"编辑" 🖉按钮→在"站点"选项中的"站点名称"文本框中输入"MyWebSite"，单击"保存"按钮完成站点复制。

3. 导出 MyWebSite 站点

启动 Dreamweaver → 单击"站点"菜单→单击"管理站点"→从站点列表中选择"MyWebSite"站点，单击"导出当前选定的站点"⇥按钮→在弹出的"导出站点"对话框中，保存位置选择"D 盘"，文件名为"MyWebSite.ste"→单击"保存"按钮→在"管理站点"对话框中单击"完成"按钮即可。（导出的站点定义文件类型为 .ste）

4. 删除 MyWebSite 站点

启动 Dreamweaver → 单击"站点"菜单→单击"管理站点"→从站点列表中选择要删除的站点"MyWebSite"，单击"删除" ▬ 按钮→在弹出的提示对话框中单击"是"按钮，即可删除被选定的站点。

5. 导入站点

通过导出的站点定义文件或从别处获得的站点定义文件，可以在 Dreamweaver 中导入该站点，对导入的站点可以和其他创建的站点一样进行编辑操作。

启动 Dreamweaver → 单击"站点"菜单→单击"管理站点"→单击"导入站点"按钮→在弹出的"导入站点"对话框中选择 D 盘中的 MyWebSite.ste 文件→单击"打开"按钮→在"管理站点"对话框中单击"完成"按钮即可。

> 🔍 **提示：** 导入 / 导出站点能将"站点设置"传输到其他计算机中，与其他开发者共享站点设置和备份站点设置，该功能不会导入 / 导出站点文件。

任务三　管理本地站点中的文件

一、任务描述

前面任务中创建的本地站点，主要用于网站设计者对站点中的各类文件进行管理，通过本地站点，用户可以方便地浏览、编辑、新建和删除相关的文件。本任务要求读者掌握利用站点管理功能实现对文件 / 文件夹的新建、复制、重命名、删除等操作，任务要求如下。

（1）在 WebTest 站点中创建文件夹，命名为 My Folder，并在 My Folder 文件夹中创建文件 MyFile.html。

（2）把 MyFile.html 文件复制到 WebTest 站点的根目录下。

（3）把 My Folder 文件夹名重命名为 Test Folder。

（4）删除 TestFolder 文件夹。

（5）把复制到站点根目录下的 MyFile.html 文件另存为 TestFile.html。

二、任务实施

1. 创建文件夹和文件

操作步骤：在"文件"面板中打开 WebTest 站点→右击站点文件夹→在弹出的快捷菜单中选择"新建文件夹"命令（见图 2-7），输入文件夹名"My Folder"→右击 My Folder 文件夹→在弹出的快捷菜单中选择"新建文件"命令，输入文件名 MyFile.html（新建文件默认为 .html 的网页文件）。

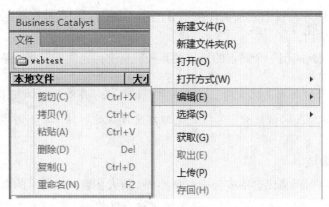

图 2-7　管理本地站点中的文件夹和文件

> **提示**：也可直接在站点目录 WebTest 中创建文件夹或文件，如在"文件"面板中的站点中找不到新建的文件夹或文件，可单击"文件"面板中的刷新按钮 C，或右击"站点 −WebTest"，在弹出的快捷菜单中选择"刷新本地文件"命令，在站点目录 WebTest 中则会显示创建的文件夹或文件。

2. 复制 MyFile. html 文件

操作步骤：在"文件"面板中打开 WebTest 站点→双击 My Folder 文件夹，在展开的文件中选择"MyFile.html"文件并右击→在弹出的快捷菜单中选择"编辑"下的"复制"命令→右击站点文件夹，在弹出的快捷菜单中选择"编辑"下的"粘贴"命令。如选择"剪切"、"粘贴"命令表示移动文件（提示：文件夹的复制、移动与文件的复制、移动操作一样）。

3. 重命名 MyFolder 文件夹

操作步骤：在"文件"面板中打开站点→右击 MyFolder 文件夹→在弹出的快捷菜单中选择"编辑"下的"重命名"命令→输入新的名字 TestFolder，在空白处单击即可（提示：文件的重命名与文件夹的重命名操作一样）。

4. 删除 TestFolder 文件夹

操作步骤：在"文件"面板中打开站点→右击 TestFolder 文件夹→在弹出的快捷菜单中选择"编辑"下的"删除"命令→在删除确认中选择"是"（提示：删除文件夹时，文件夹中的文件将一并删除）。

5. 保存网页文档

操作步骤：打开 MyFile.html 网页文档→单击"文件"菜单→选择"另保存"命令→输入文件名 TestFile →单击"保存"按钮即可。

知识拓展

一、规划站点结构

对于网站开发者来说，网站的结构可分为"网站文件结构"和"网页层次结构"。

一个网站包含不同类型的文件，如网页文件、图片文件、CSS 样式文件、JavaScript 文件、音频文件、视频文件等，我们应按文件类别分门别类地把它们存放在不同的文件目录下，形成条理清晰的文件结构。

网页层次结构则反映出一个站点的链接关系和网页文件之间的链接关系。

> 提示：目录的层次不宜太深，一般不要超过三层，另外给目录起名时要尽量使用能表达目录内容的英文或汉语拼音，这样会更加方便日后的网站管理和维护。

二、网页的构成

不同主题的网站对网页内容的安排会有所不同，但大多数网站首页的页面结构都会包括页面标题、网站 Logo、导航栏、登录区、搜索区、热点推荐区、主内容区和页脚区。简洁的页面一般由页面标题、网站 Logo、导航栏、主内容区和页脚区等构成。

三、页面布局

常见的页面布局结构有"同"字形布局、"国"字形布局、"匡"字形布局、"三"字形布局、"川"字形布局、T 字形布局和 POP 布局等。

（1）"同"字形布局：页面顶部是主导航栏，下面左右两侧是二级导航条、登录区、搜索区等，中间是主内容区。

（2）"国"字形布局：它是在"同"字形布局上演化而来的，它在保留"同"字形的同时，在页面的下方增加一横条状的栏目。这种布局的优点是页面容纳内容多，信息量大。"国"字形布局结构如图 2-8 所示。

（3）"匡"字形布局：这种布局结构去掉了"国"字形布局的右边的边框部分，给主内容区释放了更多空间，内容虽看起来比较多，但布局整齐又不过于拥挤，适合一些下载类和贺卡类站点使用。

（4）"三"字形布局：应用于简洁明快的艺术性网页布局，这种布局一般采用简单的图片和线条代替拥挤的文字，给浏览者以强烈的视觉冲击。"三"字形布局结构如图 2-9 所示。

图 2-8　"国"字形布局结构

图 2-9　"三"字形布局结构

（5）"川"字形布局：整个页面在垂直方向分为 3 列，网站的内容按栏目分布在这 3 列中，最大限度地突出主页的索引功能，一般适用在栏目较多的网站里。

（6）T 字形布局：布局结构跟英文大写字母 T 相似，页面的顶部一般放置网站的标志或广告，下方左侧为导航栏菜单，下方右侧是主内容区。

T 字形布局结构如图 2-10 所示。

图 2-10　"三"字形布局结构

（7）POP 布局：POP 布局也称海报型布局，指页面布局像一张宣传海报，以一张精美图片作为页面的设计中心或采用精美的平面设计结合一些小动画，常用于时尚类、服装类、艺术类和个人网站。

在实际设计中，读者也不要局限于以上几种布局格式，要在实际应用中灵活运用和改良各种布局。

四、页面色彩设计

网页中色彩设计是网页设计的重要一环，但无论是单个页面的色彩搭配，还是整个网站的色彩设计，首先要确定主体色即主色调。赏心悦目的网页，色彩的搭配都是协调和谐的。如果你对颜色的搭配没有经验，可以使用 Dreamweaver 的配色方案来学习简单的配色，进入配色选择窗口，这里提供了多种背景、文本和链接的颜色，可以根据需要来选择搭配。当然，你也可以使用一些专门的网页配色软件来辅助你搭配网站的色彩。

五、网站建设的工作流程（见图 2-11）

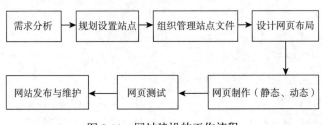

图 2-11　网站建设的工作流程

思考与练习

一、填空题

1. 站点管理器的主要功能包括＿＿＿＿＿、＿＿＿＿＿、＿＿＿＿＿、＿＿＿＿＿和＿＿＿＿＿。

2. 站点由＿＿＿＿＿、＿＿＿＿＿、＿＿＿＿＿三部分组成。

3. 网站的开发流程分为规划设计、制作与发布、＿＿＿＿＿三个阶段。

4. "站点定义"对话框包括＿＿＿＿＿和＿＿＿＿＿两种状态。

5. 通过＿＿＿＿＿命令可打开"管理站点"对话框对站点进行编辑。

二、选择题

1. 通过 Dreamweaver 的导入和导出站点的功能，站点导出的文件格式为（　　　）。

   A. *.html　　　　　　B. *.ste　　　　　　C. *.gif　　　　　　D. *.css

2. 对外发布站点，需要做的准备工作有（　　　）。

   A. 申请域名　　　　　　　　　　　　B. 申请网络空间

   C. 上传网页文件　　　　　　　　　　D. 以上叙述都不对

3. 站点由三部分（或文件夹）组成，下面属于这三部分的是（　　　）。

   A. 本地根文件夹　　　　　　　　　　B. 远程文件夹

   C. 服务器文件夹　　　　　　　　　　D. 测试服务器文件夹

4. 站点的搭建与管理中，下面关于定义站点的说法错误的是（　　　）。

   A. 首先建立新站点，打开站点定义设置窗口

   B. 在站点定义设置窗口的站点名称中填写网站的名称

   C. 在站点设置窗口中，可以设置本地网站的保存路径，但不可以设置图片的保存路径

   D. 本地站点的定义比较简单，基本上选择好目录就可以了

5. 站点的搭建与管理中提供了专门的站点建立向导，根据其功能可以分为（　　　）。

   A. 基础设置　　　　　　　　　　　　B. 自动设置

   C. 高级设置　　　　　　　　　　　　D. 以上说法都不对

6. 站点的搭建与管理中对于复制/删除站点操作，下面说法正确的是（　　　）。

   A. 复制站点仅仅是创建一个站点信息，并不会将原有站点文件夹和其中的内容进行复制

   B. 删除站点只是删除站点信息，而不会将站点文件夹和其中的内容删除掉

   C. 删除站点会将站点内的文件一起删除

   D. 以上说法都错

7. 在管理站点的工作中，（　　　）功能是无法实现的。

   A. 合并　　　　　　B. 导入　　　　　　C. 导出　　　　　　D. 复制

8. 网站的开发流程阶段中，建立站点属于（　　　）。

   A. 制作与发布阶段　　　　　　　　　B. 更新与维护阶段

   C. 规划设计阶段　　　　　　　　　　D. 宣传推广阶段

9. 下列关于网站规划的说法正确的是（　　　）。

   A. 网站必须有一个明确的主题

B．网站栏目设置要合理

C．网站推广一定发生在网站发布之后

D．网站必须有自己的风格

三、简答题

1．创建网站目录结构时要注意哪些问题？

2．什么是本地根文件夹？什么是远程文件夹？什么是测试服务器文件夹？

3．简述站点、本地站点、远程站点的概念。

4．简述网站开发需要经过的几个主要阶段。

四、实操练习

实训：创建与管理本地站点操作练习。

实训描述：

1．在本地磁盘 D 上新建一个站点文件夹，取名为 MySite，再在该文件夹中创建如下子文件夹，images(存放图片)、style（存放 CSS 样式）、js（存放 javascript 文件）、video（存放音频视频）等。

2．以 MySite 文件夹创建本地站点，站点名为 MyWeb，并对站点进行设置。

3．对 MyWeb 站点进行管理（完成对站点的编辑、复制、删除、导入／导出等操作）。

HTML 文档及 HTML 标签

学习目标

- ❑ 会创建 HTML 文档。
- ❑ 掌握 HTML 文档的基本结构。
- ❑ 掌握 HTML 标签。

项目简介

HTML 是制作网页的标准语言，也是构成网页文档的主要语言。本项目要求读者会创建 HTML 网页文件、掌握 HTML 文档的组织规范，掌握常用的 HTML 标签的应用，对网页文件的结构及 HTML 标签产生较为全面的认识。

本项目需要完成的任务：

任务一 创建 HTML 文档。

任务二 H 标签应用。

任务三 Meta 标签应用。

项目实施

任务一 创建 HTML 文档

一、任务描述

本项目要求读者会用 Dreamweaver 创建 HTML 文档，会在文档中录入简单的文字信息，会设置文档标题，掌握 HTML 文档的结构，对 HTML 标签有一个初步的认识，为后面制作复杂网页积累知识和操作经验。任务要求如下。

（1）在 "WebTest\ 项目 3" 文件夹中新建 3-1.html 文档。

（2）将文档标题设置为 "我的第一个网页"。

（3）浏览页面时显示信息为 "欢迎光临！"。

二、知识储备

1. HTML 文档

HTML 文档是由 HTML 命令组成的描述性文本，HTML 命令可以说明文字、图形、动画、声音、表格、链接等。HTML 文档的结构包括头部（Head）、主体（Body）两大部分，其中头部描述浏览器所需的信息，而主体则包含所要说明的具体内容。

2. HTML 标签

HTML（HyperText Markup Language）即超文本标记语言，是一种制作万维网页面的标准语言，是万维网浏览器使用的一种语言，它消除了不同计算机之间信息交流的障碍。超文本标记语言标记标签通常被称为 HTML 标签，HTML 标签是 HTML 语言中最基本的单位，HTML 标签是 HTML 最重要的组成部分。

HTML 的语法定义非常明确，所有的 HTML 文档都遵循由 W3C 规定的 HTML 规范。

HTML 标签书写不区分大小写，如 <html> 与 <HTML> 表示的意思一样的，推荐使用小写。

HTML 语言是由一系列标签组成的，这些标签由一组尖括号 <> 标示，每个标签有它特定的含义。

HTML 标签的特点如下：

（1）由尖括号包围的关键词，如 <html>。

（2）通常是成对出现的，第一个标签是开始标签，第二个标签是结束标签。如 <html> 和 </html>、<head> 和 </head> 等。

（3）部分标签单独呈现，如水平线标签 <hr />、换行标签
、图像标签 <img /> 等。

（4）成对出现的标签，其内容在两个标签中间。单独呈现的标签，则在标签属性中赋值。如 <h1> 文字标题 </h1>、<input type="text" name=" 文本框 " id=" 文本框 " /> 等。

> 提示：网页的内容需在 <html> 标签中，标题、字符格式、语言、兼容性、关键字、描述等信息显示在 <head> 标签中，而网页需要显示的内容需嵌套在 <body> 标签中。某些时候不按标准书写代码虽然可以正常显示，但是作为职业素养，应养成正规编写习惯。

3. HTML 文件的基本结构

新建一个 HTML 文件，切换到"代码"视图，初始 HTML 页面的基本结构及元素如图 3-1 所示。

图 3-1　HTML 页面基本结构及元素

4. HTML 页面标签介绍

（1）<! doctype> 标签：位于 <html> 标签之前，位于文档中最前面的位置，此标签可告知浏览器使用哪种 HTML 或 XHTML 规范。

（2）<html> 与 </html> 标签：限定了文档的开始点和结束点，所有其他的标签都包含在 <html> 和 </html> 之间。

（3）<head> 与 </head> 标签：<head> 和 </head> 之间的部分被称为文件头，用于定义文档的头部，它是所有头部元素的容器。<head> 标签之间的大部分内容不会在浏览器中显示。它位于 <html> 标签的后面，并处于 <body> 标签之前。下面这些标签可用在 head 部分：<link>、<meta>、<script>、<style> 和 <title> 等。

（4）<meta> 标签：位于文档的头部即 head 标签的内部。可提供有关页面的元信息，如针对搜索引擎和更新频度的描述和关键词。

（5）<title> 标签：位于文档的头部，可定义文档的标题。一个页面的标题出现在标记 <title></title> 中，并且每个页面只允许有一个 <title> 标记。设置标题后，当浏览该页面时标题内容会出现在浏览器窗口标题栏区域。

（6）<body> 与 </body> 标签：位于 head 标签后，html 标签内。定义文档的主体，包含文档的所有内容（如文本、超链接、图像、表格、列表等）。

（7）<! -- --> 注释标记：为了增加 HTML 的可读性，可以为 HTML 代码加上注释，注释信息不会在浏览器中显示。注释标记可以跨行使用，即可以注释一段内容。

（8）常用 HTML 标签如表 3-1 所示。

表 3-1　HTML 标签

标　　签	描　　述
<html>	定义 HTML 文档
<head>	定义关于文档的信息
<meta>	定义关于 HTML 文档的元信息
<title>	定义文档的标题
<body>	定义文档的主体
 	定义简单的折行（换行）
<p>	定义段落
<b>	定义粗体字
<i>	定义斜体字
<u>	定义下画线文本
<sub>	定义下标文本
<sup>	定义上标文本
<big>	定义大号文本
<small>	定义小号文本
<em>	定义强调文本。表示强调，一般为斜体
<strong>	定义强调文本。表示特别强调，一般为粗体

续表

标　签	描　述
<del>	定义被删除文本
<img>	定义图像
<h1> to <h6>	定义 HTML 标题。数值越小，标题字号就越大
<a>	定义超链接
<caption>	定义表格标题
<table>	定义表格
<tr>	定义表格中的行
<td>	定义表格中的单元
<tfoot>	定义表格中的表注内容（脚注）
<th>	定义表格中的表头单元格
<thead>	定义表格中的表头内容
<col>	定义表格中一个或多个列的属性值
<form>	定义供用户输入的 HTML 表单
<input>	定义输入控件
<hr>	定义水平线
<iframe>	定义内联框架
<frame>	定义框架集的窗口或框架
<a>	定义超链接
<ul>	定义无序列表
<ol>	定义有序列表
<li>	定义列表的项目
<div>	定义文档中的节
<font>	不赞成使用。定义文字的字体、尺寸和颜色
<map>	定义图像映射
<!--...-->	定义注释

 提示：更多 HTML 标签见附录 A。

三、任务实施

1. 新建 HTML 文档

启动 Dreamweaver 软件单击"文件"菜单→单击"新建"按钮→在"新建文档"对话框中的"页面类型"中选择"HTML"→单击"创建"按钮。

2. 保存 HTML 文档

（1）在 WebTest 站点中新建"项目 3"文件夹。

（2）单击"文件"菜单→单击"保存"按钮→在"另存为"对话框中选择"项目 3"，在"文件名"文本框中输入"3-1.html"→单击"保存"按钮。

> 提示：在保存文件时，在"另存为"对话框中的保存位置会默认为当前根站点文件夹。

3. 设置标题

方法一：在"设计"视图的"标题"中输入"我的第一个网页"。

方法二：在"代码"视图的 <title> 标签中输入"我的第一个网页"（如：<title> 我的第一个网页 </title>）。

4. 录入信息

方法一："设计"视图中，在光标所在位置直接录入文字"欢迎光临！"

方法二："代码"视图中，将光标定位到 <body> 与 </body> 之间，录入文字"欢迎光临！"。

5. 保存并预览页面

单击"文件"菜单→单击"保存"按钮→按【F12】键或单击"预览在 IEexplore"预览网页，网页设计与浏览效果如图 3-2 所示。

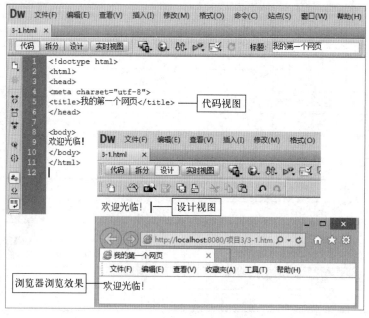

图 3-2　网页设计与浏览效果

> 提示：页面文件参考素材"WebTest/ 项目 3/3-1.html"。

任务二　H 标签应用

一、任务描述

通过对前一个任务的学习，我们掌握了 HTML 文档的创建，对 HTML 文档的组织结构及 HTML 标签有了一定的认识。本任务需要掌握标题标签的应用，要求读者能举一反三，快速掌握其他常用标签的使用。任务要求如下。

利用标题标签 <h>，制作 1 ~ 6 级标题，实现图 3-3 所示的页面效果。

图 3-3 页面预览效果

二、知识储备

标题标签（即 Heading 标签）也称 H 标签，HTML 语言里共有 6 种 heading 标签，是网页中对文本标题着重强调的一种标签，以标签 <h1>、<h2>、<h3> 到 <h6> 定义标题文字大小的标签，H 标签是成对出现的，形如 <hn> 被修饰文本 </hn>（n=1…6，n 值越小，标题字号就越大），即由 <hn> 开始，</hn> 结束。

三、任务实施

1. 新建 HTML 文档

利用 Dreamweaver 软件新建 HTML 文档，并保存到 "WebTest/ 项目 3" 中，文件名为 3-2.html。

2. 输入文字

按图 3-3 所示输入文字信息。

3. 设置标题

选中要设置标题的文字→在属性面板中单击 "<>HTML" 按钮→在 "格式" 下拉列表中选择对应的标题，如图 3-4 所示。

设置完成后，在 "代码视图" 中生成的代码如图 3-5 所示。

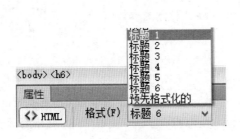

图 3-4 标题格式

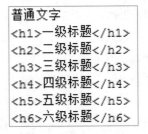

图 3-5 "代码视图" 中生成的代码

4. 保存文档，按【F12】键在浏览器中预览

> 提示：（1）页面文档参考 WebTest/ 项目 3/3-2.html。
>
> （2）在以后的任务中，请读者注意观察在设计视图中操作完成后在代码视图中所生成的代码。

任务三　Meta 标签应用

一、任务描述

本任务要求读者掌握 Meta 标签的属性及属性参数的应用，会运用 Meta 标签实现网页的一些特殊功能，如实现页面刷新后自动跳转功能，任务要求如下。

（1）在"WebTest\ 项目 3"文件夹中新建 3-3.html 和 3-4.html 文档。

（2）设置 3-3.html 页面背景色为红色，并输入文字"欢迎访问 3-3.html 页面，3 秒后连接到 3-4.html 页面"，要求文字居中显示，页面标题设置为"3 秒后跳转"。

（3）设置 3-4.html 页面背景色为蓝色，并输入文字"欢迎访问 3-4.html 页面，5 秒后连接到百度网站"，要求文字居中显示，页面标题设置为"5 秒后跳转"。

（4）浏览 3-3.html 页面时，3 秒后页面刷新自动跳转到 3-4.html 页面。

（5）浏览 3-4.html 页面时，5 秒后页面刷新自动跳转到 http://www.baidu.com 网站。

二、知识储备

1. meta 标签简介

meta 标签是用来在 HTML 文档中模拟 HTTP 协议的响应头报文；meta 标签是 HTML 标记 head 区的一个关键标签，位于网页的 <head> 与 </head> 中；meta 标签在网站的网页中占有很重要的作用，它提供的信息虽然用户不可见，但却是文档的最基本的元信息。meta 除了提供文档字符集、使用语言、作者等基本信息外，还涉及对关键词和网页等级的设定。

2. meta 标签的属性

meta 标签有两种属性：name 和 http-equiv。

1）name 属性

（1）作用：主要用于描述网页，与之对应的属性值为 content，content 中内容的主要作用是便于搜索引擎机器人查找信息和分类信息。

（2）语法格式：<meta name=" 参数 " content=" 具体的参数值 ">。

（3）主要参数。

① Keywords（关键字）。

说明：向搜索引擎说明你的网页的关键词，可以罗列出相关的关键词。

举例：<meta name="keywords" content=" 城市 , 职业学院 , 城市管理 , 重庆城市管理 , 重庆城市管理职业学院 , 管理职业学院 , 管理学院 , 城市职业学院 , 城市学院 , 城市管理学院 " />

② description（网站内容描述）。

说明：尽可能准确地描述网页的核心内容，通常为网页内容的摘要信息。

举例：<meta name="description" content=" 重庆城市管理职业学院官方网站 " />

③ robots（机器人向导）。

说明：告诉搜索机器人哪些页面需要索引，哪些页面不需要索引。content 的参数有 all，none，index，noindex，follow，nofollow。默认是 all。

all：文件将被检索，且页面上的链接可以被查询。

none：文件将不被检索，且页面上的链接不可以被查询。

index：文件将被检索。

noindex：文件将不被检索，但页面上的链接可以被查询。

follow：页面上的链接可以被查询。

nofollow：文件将不被检索，但页面上的链接可以被查询。

举例：<meta name="robots" content="none">

④ author（作者）。

说明：告诉搜索引擎你的站点的制作的作者；

举例：<meta name="Author" content=" 宣传部 ">

2）http-equiv 属性

（1）作用：相当于 http 的文件头作用，它可以向浏览器传回一些有用的信息，以帮助正确和精确地显示网页内容，与之对应的属性值为 content，content 中的内容其实就是各个参数的变量值。

（2）语法格式：<meta http-equiv=" 参数 " content=" 参数变量值 ">

（3）主要参数。

① content-Type（显示字符集的设定）。

说明：用以说明主页制作所使用的文字以及语言；

举例：<meta http-equiv="Content-Type" content="text/html; charset=utf-8" />

② Refresh（刷新）。

说明：在指定时间（单位是秒）后自动刷新并转到新页面。

举例：<meta http-equiv="Refresh" content="5;url=http://www.cswu.cn">（注意后面的引号的位置，URL 可为空）

③ Expires（期限）。

说明：可以用于设定网页的到期时间，一旦过期则必须到服务器上重新调用。需要注意的是必须使用 GMT 时间格式。

举例：<meta http-equiv="Expires" content="Mon，12 May 2015 00:20:00 GMT">

④ Pragma(cache 模式)。

说明：禁止浏览器从本地计算机的缓存中访问页面内容，设定后，访问者也将无法脱机浏览。必须使用 GMT 的时间格式

举例：<meta http-equiv="Pragma" content="no-cache">

⑤ Set-Cookie(cookie 设定)。

说明：如果网页过期，那么存盘的 cookie 将被删除。必须使用 GMT 的时间格式。

举例：<meta http-equiv="set-cookie" content="Mon,12 May 2015 00:20:00 GMT">

⑥ Window-target（显示窗口的设定）。

说明：强制页面在当前窗口以独立页面显示。用来防止别人在框架里调用自己的页面。

举例：<meta http-equiv="Window-target" content="_top">

三、任务实施

实现页面刷新后自动跳转功能。

1. 新建 HTML 文档

利用 Dreamweaver 软件新建两个 HTML 文档，并保存到"WebTest/ 项目 3"中，文件名分别为 3-3.html、3-4.html。

2. 3-2.html 页面设置

打开 3-2.html 文档 →在设计视图模式下，单击属性面板上的"页面属性"按钮，打开"页面属性"对话框，如图 3-5 所示 →在"分类"中选择"外观 CSS"→在"背景颜色"前单击 ，选择"红色"→单击"确定"按钮→在页面中输入文字"欢迎访问 3-3.html 页面，3 秒后连接到 3-4.html 页面"→光标定位在输入的文字上，在"格式"菜单中选择"对齐"命令，再单击"居中对齐"→在"标题"处输入"3 秒后跳转"，或在代码中的 title 标签中录入"3 秒后跳转"，如 <title>3 秒后跳转 </title> →保存文档。

3. 3-4.html 页面设置

打开 3-4.html 文档 →在设计视图模式下，单击属性面板上的"页面属性"按钮，打开"页面属性"对话框，如图 3-6 所示 →在"分类"中选择"外观 CSS"→在"背景颜色"前单击 ，选择"蓝色"→单击"确定"按钮→在页面中输入文字"欢迎访问 3-4.html 页面，5 秒后连接到百度网站"→光标定位在输入的文字上，在"格式"菜单中选择"对齐"命令，再单击"居中对齐"→在"标题"处输入"5 秒后跳转"→保存文档。

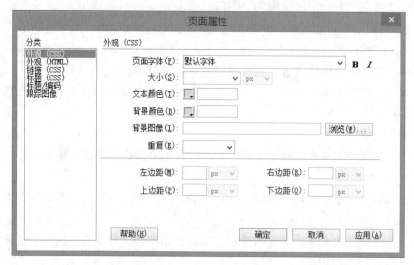

图 3-6 "页面属性"对话框

4. 设置页面刷新跳转效果

打开 3-3.html 文档 →切换到"代码"视图模式下 →在 head 标签中输入代码 <META HTTP-EQUIV="refresh" content="3; URL=4-2.html"> →保存文档。

打开 3-4.html 文档 →切换到"代码"视图模式下 →在 head 标签中输入代码 <META

HTTP-EQUIV="refresh" content="5;URL=http://www.baidu.com"> →保存文档。

5. 在 3-3.html 页面中按【F12】键在浏览器中预览

> 💡 提示：页面文档参考 "WebTest/ 项目 3/3-3.html、3-4.html。

思考与练习

一、填空题

1. 纯 HTML 格式的网页通常被称为_____。

2. 网页是用_____记述的，它是一种编写网页的基础语言，是英文 HyperText Markup Language 的缩写，中文意思是_____。

3. 在 HTML 页面的设计视图中，直接按【Enter】键将产生_____，按【Shift + Enter】组合键将产生_____。

4. 在网页中，使用_____标记来进行换行，使用_____标记来进行分段。

5. HTML 网页文件的标记是_____，网页文件的主体标记是_____，标记页面标题的标记是_____。

6. HTML 是一种描述性的_____语言。

7. Dreamweaver 中预览网页的方法有：_____、_____、_____。

二、选择题

1. 下面关于 HTML 的描述正确的是（　　　）。

　　A. HTML 的含义是超文本标记语言

　　B. HTML 文件中包括图像和多媒体元素

　　C. HTML 所有标记都包含在 <Html></Html> 中

　　D. HTML 可以使用文本编辑器编辑

2. 双击 .html 的网页文件时的默认操作是（　　　）。

　　A. 打开浏览器预览该文件　　　　　　B. 在 Dreamweaver 编辑窗口打开该文件

　　C. 打开记事本显示该文件源代码　　　D. 将文件进行上传到远程服务器

3. 下面文件可以直接由浏览器打开浏览的是（　　　）。

　　A. index.html　　　B. index.shtml　　　C. index.asp　　　D. index.htm

4. 下面（　　　）是静态页面文件的扩展名。

　　A. Html　　　B. PHP　　　C. JSP　　　D. Htm　　　E. ASP

5. 插入一条水平线，在代码视图中生成的标签是（　　　）。

　　A. <hr>　　　B. <p>　　　C. <body>　　　D. <Head>

6. 关于网页中的换行，说法错误的是（　　　）。

　　A. 可以直接在 HTML 代码中按【Enter】键换行，网页中的内容也会换行

　　B. 可以使用
 标签换行

　　C. 可以使用 <p> 标签换行

　　D. 使用
 标签换行，行与行之间没有间隔；使用 <p> 标签换行，两行之间会空一行

7. 为了标识一个 HTML 文件应该使用的 HTML 标记是（   ）。
    A. <p></p>   B. <boby></body>
    C. <html></html>   D. <table></table>

8. 用 HTML 标记语言编写一个简单的网页，网页最基本的结构是（   ）。
    A. <html> <head>...</head> <frame>...</frame> </html>
    B. <html> <head>...</head> <body>...</body> </html>
    C. <html> <title>...</title> <frame>...</frame> </html>
    D. <html> <title>...</title> <body>...</body> </html>

9. 以下标记符中，用于设置页面标题的是（   ）。
    A. <title>   B. <caption>   C. <head>   D. <html>

10. 下面（   ）属性不是文本的标签属性。
    A. nbsp;   B. size   C. color   D. class

11. 标记符 <title> 是放在标记符（   ）之间的。
    A. <html></html>   B. <head></head>
    C. <body></body>   D. </head><body>

12. 标记符 <meta> 是放在标记符（   ）之间的。
    A. <p></p>   B. <title></title>   C. <head></head>   D. <body></body>

13. 向搜索引擎说明你的网页的关键字是（   ）。
    A. keywords   B. description   C. robots   D. name

14. 在指定时间后自动刷新并转到新页面的关键字是（   ）。
    A. Pragma   B. robots   C. Expires   D. Refresh

15. 网页标题修改方法，以下说法正确的是（   ）。
    A. "文档"工具栏中对标题进行修改
    B. 用【Ctrl+J】组合键打开"页面属性"对话框，选"标题/编码"在右边标题框中直接修改
    C. 切换到代码视图，修改 <title></title>
    D. 以上说法都不正确

16. 以下不是文字换行方式的是（   ）。
    A. 自动换   B. 分段换行   C. 列表换行   D. 强制换行

17. 在 Dreamweaver CS6 中，在页面设计窗口中直接按【Enter】键产生的 html 标记是（   ）
    A. <p></p>   B.
             C. <body>   D.

18. 设置文本大小时 pt 和 px 分别代表（   ）。
    A. 厘米和点数   B. 点数和像素   C. 像素和英寸   D. 厘米和英寸

19. 在 Dreamweaver 中，在"页面属性"对话框后中设置页面文本的颜色、字体和大小所选择的分类是（   ）。
    A. 标题/编码   B. 链接   C. 外观   D. 标题

三、简答题

1. 新建的 HTML 文档包含哪些标签？

2. 简述 <head> 标签的作用。

3. HTML 文档文件头的主要作用是什么？

4. 简述 <meta> 标签的作用。

四、实操练习

实训：文本格式标签应用。

实训描述：利用文本格式标签制作图 3-7 所示的页面效果。

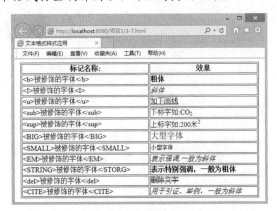

图 3-7　页面预览效果

💡 提示：在"格式"菜单中的"样式"中进行设置。

项目四

文本元素应用

学习目标

❑ 会插入文本。
❑ 会编辑文本。

项目简介

文本是网页中用得最多的元素之一，常用的网页元素包括文本、图像、多媒体（音频、视频、动画）、超链接、表格、框架、表单等，其他网页元素在后面的项目中将陆续介绍。本项目从输入文本、编辑文本两方面入手，培养读者对文本元素的应用与操作技能。

本项目需要完成的任务：

任务　插入与编辑文本元素。

项目实施

任务　插入与编辑文本元素

一、任务描述

通过前面项目的学习，读者对 HTML 文档及 HTML 标签有了一定的了解，本项目将学习在 HTML 文档中插入文本信息，以丰富页面信息。本任务要求读者掌握在页面中输入文本信息，并会对文本进行编辑排版，任务要求如下。

（1）在"WebTest\ 项目 4"文件夹中新建 4-1.html 文档，实现图 4-1 所示的页面效果。

（2）文档编排格式要求：

① 网页标题为"化学知识——二氧化碳"。

②"二氧化碳"格式为"标题 3"。

③"水平线"高为 2 像素、宽为 100%、显示阴影。

④ 文本"二氧化碳，一种碳氧化合物，化学式为 CO_2，常温常压下是一种无色无味的气体，也是一种常见的温室气体，也是空气的组成成分之一。"要求首行缩进两个字符，字号为 16 px。

⑤ 文本"一个二氧化碳分子含有两种不同的元素：氧和碳。"要求首行缩进两个字符。

⑥ 文本"一个二氧化碳分子分子由一个碳原子和两个氧原子构成。"要求首行缩进两个字符，字体为"华文行楷"，字号为"24 px"。

图 4-1　4-1.html 页面效果

二、知识储备

文本是网页中用得最多的元素，在网页制作中要准确把握好文本的字体、大小和颜色等属性，网页一般使用宋体，字号为 10 ～ 12 磅，颜色用黑色。但要根据用户的实际需求灵活设置。

1. 插入文本的方法

当要插入文本时，先将光标定位到需要输入文本的位置，此时窗口中出现闪动的光标，提示录入文字的起始位置。主要方法有：

（1）直接在 Dreamweaver "设计"视图窗口中输入文本内容。

（2）通过复制或剪切将其他文档中的文字素材粘贴进来。

（3）通过文件菜单的"导入"功能，导入文本信息。

> 提示：可使用【Shift+Enter】组合键进行换行；直接按【Enter】键进行分段。

2. 设置段落缩进的方法

1）插入全角空格

在 Dreamweaver 里的段落前直接按【Space】键是没有效果的，因为它不支持半角空格，但支持全角空格。在输入状态下，按【Shift+Space】组合键，输入法就会在半角和全角间切换，然后在段前按两下空格，这样就能让段落缩进两个全角字符的宽度，正好是两个汉字的大小。这种方法的缺点是在代码编辑状态下看不到效果，只有在预览时才能看到效果。

2）插入特殊字符

插入全角空格的方法虽然简单，但在代码编辑状态下是不可见的，插入特殊字符 " " 可以让插入的空格在编辑状态下也可见。在代码编辑状态下，找到段落的开头，输入四个 " " 字符，然后在预览里看一下，和全角空格的效果完全一样，在这里两个 " " 就相当于一个半角的空格，四个 " " 就等于在段首插入了一个中文字符的大小。

> 💡**提示**：使用【Ctrl+Shift+Space】组合键增加空格，每按一次【Ctrl+Shift+Space】组合键，在代码中生成一个   特殊字符。

3. 文本格式化方法

（1）使用文本格式化标签格式化文本。

（2）创建 CSS 样式格式化文本。

（3）选中文本，使用"格式"菜单功能格式化文本。

（4）选中文本，在属性面板中格式化文本。

三、任务实施

1. 新建 4-1. html 文档

启动 Dreamweaver 软件→选择"文件"菜单中的"新建"命令→在"新建文档"对话框的"页面类型"中选择"HTML"→单击"创建"按钮→选择"文件"菜单中的"保存"或"另存为"命令→在"另存为"对话框中找到"WebTest\ 项目 4"文件夹，并在"文件名"中输入"4-1.html"→单击"保存"按钮完成操作。

> 💡**提示**：后面各项目中新建 HTML 文档的操作方法与本任务类似，请读者熟练掌握操作步骤，后面项目中的新建 HTML 文档操作步骤将不再赘述。

2. 编辑"二氧化碳"文本

在 4-1.html 文档的"设计"视图中，把光标定位到页面的第一行位置→输入文本"二氧化碳"→选中文本"二氧化碳"，在图 4-2 所示的"属性"面板中单击"<>HTML"按钮，在"格式"下拉列表中选择"标题 3"选项。

图 4-2　文本的 HTML 属性

3. 插入"水平线"

把光标定位到"二氧化碳"文本后面，单击"插入"菜单→选择"HTML"→单击"水平线"→用鼠标选中"水平线"→在图 4-3 所示的"属性"面板中，在"宽"文本框中输入"100"，单位选择"%"，在"高"文本框中输入"2"（单位默认为像素 px）→勾选"阴影"复选框。

图 4-3　水平线属性

提示：水平线标签为 <hr />。

4. 输入其他文本并编辑

（1）在水平线后输入文本"二氧化碳，一种碳氧化合物，化学式为 CO_2，常温常压下是一种无色无味的气体，也是一种常见的温室气体，也是空气的组成成分之一。"

提示：下标标签为 ，上标标签为 ，如 CO_2 在代码中为 CO₂。

（2）设置文本首行缩进。切换到"代码"视图，在上述文本开始处输入 8 个特殊特号 " "（首行缩进 2 字符）。

（3）设置字号。切换到"设计"视图→选中文本→在图 4-4 所示的"属性"面板中，选择 "CSS"按钮（CSS 样式将在后面项目中详细讲解），"大小"选择"16"，弹出"新建 CSS 规则"对话框，如图 4-5 所示→在"选择器名称"中输入名称，如 font1 →单击"确定"按钮。

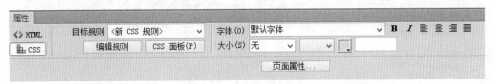

图 4-4　文本的 CSS 属性

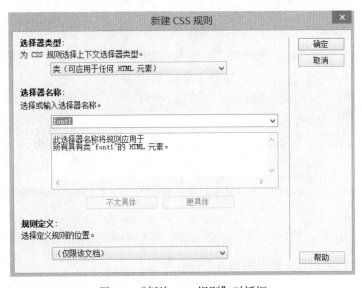

图 4-5　"新建 CSS 规则"对话框

（4）换行录入"一个二氧化碳分子含有两种不同的元素：氧和碳"。

在前段文本后按【Shift+Enter】组合键（换行）或在代码中输入换行标签
 →输入上述文本→将光标定位到本行文字前面→在输入状态下，按【Shift+Space】组合键切换到全角状态，按两个【Space】键（首行缩进 2 字符）。

提示：换行按【Shift+Enter】组合键，换行标签为
。

（5）分段录入：一个二氧化碳分子由一个碳原子和两个氧原子构成。

在前段文本后按【Enter】键→输入上述文本→将光标定位到本行文字前面→在输入状态下，按【Shift+Space】组合键切换到全角状态，按两个【Space】键（首行缩进 2 字符）→选中本段文本→在图 4-4 所示的"属性"面板中单击"CSS"按钮，"字体"选择"华文行楷"→弹出"新建 CSS 规则"对话框，如图 4-5 所示→在"选择器名称"中输入名称，如 font2→单击"确定"按钮→在"属性"面板中，"大小"选择"24"。

> 💡 **提示**：分段按【Enter】键，分段标签为 \<p>\</p>。

5. 设置网页标题

在"设计"视图的"标题"处录入标题"化学知识——二氧化碳"或在"代码"视图的 title 标签中录入标题"化学知识——二氧化碳"。

到此，整个页面制作完成。切换到"代码"视图查看生成的 HTML 代码，如图 4-6 所示。

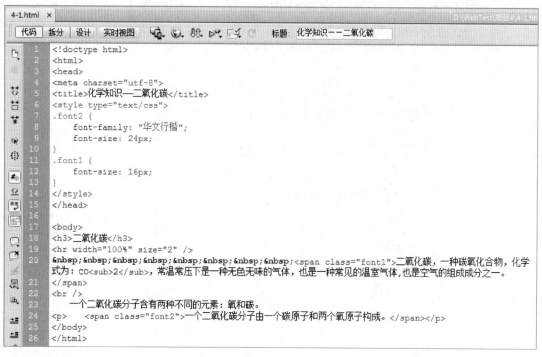

图 4-6　生成的 HTML 代码

6. 保存文档，按【F12】键在浏览器中预览

> 💡 **提示**：（1）页面文档参考"WebTest/ 项目 4/4-1.html"；
>
> （2）通过"属性"面板可方便地设置文本的各种属性，如加粗、倾斜、对齐方式等。通过 CSS 样式可对文本样式进行更丰富的设置。

思考与练习

一、填空题

1. 在输入文本时需要分段使用_____键，强制换行使用_____组合键。
2. 水平线可以分隔页面内容，水平线用_____标签表示。
3. Dreamweaver 提供的标题共分 6 级，分别是_____、_____、_____、_____、_____、_____。
4. 在网页中输入文本的 3 种方法是：_____、_____、_____。
5. 网页编辑中的 3 种不同换行方式及对应的标签分别为_____、_____和_____。

二、选择题

1. 下列（   ）是格式化文本的方法。

    A. 属性面板　　　　B. 格式菜单　　　　C. CSS 样式　　　　D. 文本格式化标签

2. 下列（   ）是插入文本的方法。

    A. 直接输入文本　　　　　　　　B. 复制粘贴

    C. 通过导入　　　　　　　　　　D. 以上说法都不正确

3. 下列关于水平线的说法正确的是（   ）。

    A. 文本元素可以紧接在水平线后面显示

    B. 水平线具有分段功能，文本不能与水平线在同一行显示

    C. 可用水平线把页面上的内容分隔开

    D. 在同一页面中只能使用一次水平线

4. 下列（   ）是在网页中插入空格的方法。

    A.【Ctrl+Shift+Space】　　　　　　B. 全角空格

    C. 　　　　　　　　　　　　D.【Ctrl+Enter】

三、简答题

简述分段换行、强制换行和自动换行。

图像元素应用

项目五

学习目标

- ❑ 会插入图像。
- ❑ 会插入背景图像。
- ❑ 会插入图像占位符。
- ❑ 会制作鼠标经过图像效果。

项目简介

网页中只有文本元素，难免会显得单调乏味，丰富多彩、图文并茂的网页往往更易吸引浏览者。我们平时看到的各种网页都是由多种网页元素和谐地组合起来的。本项目通过插入普通图像、背景图像、图像占位符和鼠标经过图像效果等对图像元素的操作，训练读者熟悉和掌握对图像元素的操作与应用。

本项目需要完成的任务：

任务一 插入普通图像。

任务二 插入背景图像。

任务三 插入图像占位符。

任务四 制作鼠标经过图像。

项目实施

任务一 插入普通图像

一、任务描述

前一项目学习了在网页中插入文本信息，如果网页中只有文字元素，那么这样的网页就很单调，不会吸引浏览者。在网页中插入图像，使网页图文并茂，可以使网页更加生动，视觉上更直观，以给浏览者留下深刻的印象。本任务要求读者掌握在页面中插入图像，并会对图像属性进行设置，任务要求如下。

（1）在"WebTest\ 项目 5"文件夹中新建 5-1.html 文档，并实现图 5-1 所示的页面效果。

（2）网页设计要求。

① 插入图像。在 5-1.html 文档的第一行插入图像"WebTest/ 项目 5/images/ pic.jpg"。

② 设置图像格式：对齐方式为"居中对齐"。

③ 设置图像属性：

a．"替换文本"为"泰山风景图"。

b．图像宽高不按"切换尺寸约束"，设置宽为 481 px，高为 306 px。

c．图像边框为 1 px。

d．图像水平间距为 5 px，垂直间距为 5 px。

图 5-1 5-1.html 页面浏览效果图

二、知识储备

1. 图像标签

图像标签是 <img>。该标签是单独呈现的，没有结束标签。值得注意的是，<img> 标签并不会在网页中插入图像，而是从网页上链接图像。<img> 标签创建的是被引用图像的占位空间。<img> 标签有两个重要属性：src 属性和 alt 属性。src 属性规定显示图像的 url，alt 属性规定图像链接失败时的替代文本。目前所有的浏览器都支持 <img> 标签。

2. 图像格式

网页上常用的图像格式有 JPG、GIF 和 PNG 等，网页图片一般不能太大，由于网速的限制，太大的图片会影响浏览器打开网页的速度，图片大小一般为几十千字节到几百千字节为宜。下面重点介绍 JPG、GIF 和 PNG 三种图片格式。

1）JPG 格式

JPG 又称 JPEG，是由 Joint Photographic Experts Group 提出并命名的，在 Internet 中广泛应用。JPG 支持 16 MB 色彩的 24 位颜色或真彩色，由于人眼不能看出存储图片的全部信息，因此去掉图像中的某些细节并不会影响人们对图片的浏览，利用压缩技术可以大大减小图片的大小。JPG 是一种有损压缩，压缩方式是以损失图像质量为代价的，压缩比越高图像质量损失越大，图像文件也就越小。JPG 适用于对颜色要求较高的场合。

2）GIF 格式

GIF 是 Graphics Interchange Format 的缩写，称为图形交换格式。GIF 是一种无损压缩，即在压缩时不降低图像品质，而是减少显示的颜色数据。此格式的图像文件最多可以显示 256 种颜色，在网页制作中，可设置透明背景、制作 GIF 动画效果、预显示图像等。

3）PNG 格式

PNG 是 Portable Network Group 的缩写，称为可移植网络图形，PNG 结合了 GIF 和 JPG 两种格式之长，它不仅能存储 256 色以下的 index color 图像，还能存储 24 位真彩图像，甚至最高可存储 48 位超强色彩图像。PNG 格式保存的图片可以被压缩，以减小其大小并加快浏览的下载速度，同时不损失图像质量。PNG 格式支持不同的图像透明度以及不同计算机上的图像亮度控制。由于 PNG 格式的图片具有较好的灵活性，并且文件小，它适合目前几乎任何类型的 Web 图形。PNG 是 Fireworks 固有的格式。

以上三种图片格式都具有强大的跨平台能力，可以适合不同浏览器平台。目前常用的图形处理软件有 Fireworks、Photoshop 等。

三、任务实施

1. 新建文档

新建 5-1.html 文档，并保存到"WebTest/ 项目 5"文件夹中。

2. 插入图像

在 5-1.html 文档的"设计"视图中，把光标定位到页面的第一行位置→单击"插入"菜单→选择"图像"命令→打开"选择图像源文件"对话框，在"WebTest/ 项目 5/images"文件夹中选择 pic.jpg →单击"确定"按钮→弹出"图像标签辅助功能属性"对话框，在"替换文本"中输入"泰山风景图"（也可在"属性"面板中设置）→单击"确定"按钮，完成图像的插入。

> 提示：当图像不能正常显示时，才显示"替换文本"中输入的文本信息。

3. 设置图像居中显示

选中图像→单击"格式"菜单→选择"对齐方式"为"居中对齐"。

4. 设置图像宽和高属性

选中图像→在"属性面板"中，如图 5-2 所示，在"宽"文本框中输入"481"，单位选择"px"→单击"切换尺寸约束"按钮，使 🔒 成开锁状态 🔓，在"高"文本框中输入"306"，单位选择"px"（说明："属性"面板中的"替换"与"图像标签辅助功能属性"对话框中的"替换文本"为同一设置）→单击"提交图像大小"按钮 ✔。

图 5-2　图像属性

5. 设置图像的边框、水平间距与垂直间距属性

选中图像→单击"修改"菜单→选择"编辑标签"命令，打开"标签编辑器"对话框，如图 5-3 所示→在左窗格中选择"常规"选项，在右窗格的"水平间距"文本框中输入"5"；"垂直间距"文本框中输入"5"；"边框"文本框中输入"1"→单击"确定"按钮。

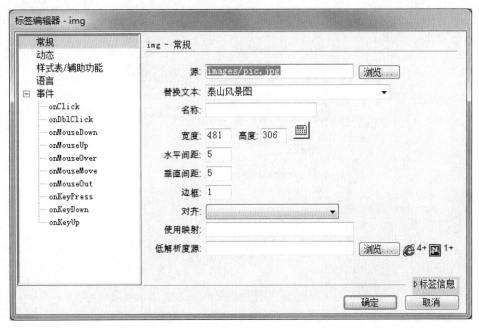

图 5-3 "标签编辑器"对话框

到此，整个页面制作完成。切换到"代码"视图查看生成的 HTML 代码，如图 5-4 所示。

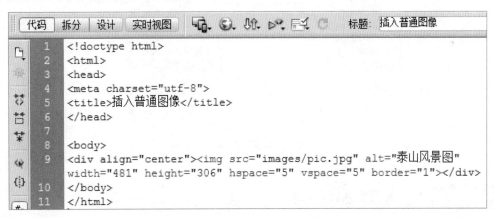

图 5-4 生成的 HTML 代码

6. 保存文档，按【F12】键在浏览器中预览

提示：（1）页面文档参考"WebTest/ 项目 5/5-1.html"。

（2）图像标签为 <img>，上面插入的 pic.jpg 图像及所设置的属性后生成的代码为 <img src="images/pic.jpg" alt=" 泰山风景图 "width="481" height="306" hspace="5" vspace="5" border="1">。

（3）在制作网页时，应先构想好网页布局，在图像处理软件中将需要插入的图片进行处理，然后存放在站点根目录下的文件夹里。如果在插入图像时，没有将图像保存在站点目录下，会弹出图 5-5 所示的对话框，提醒我们把图片保存在站点内部，这时单击"是"按钮，会弹出图 5-6 所示"复制文件为"对话框，选择本地站点的路径将图片保存，图像被插入网页中。

图 5-5　复制站点外文件

图 5-6　复制文件到站点文件夹

任务二　插入背景图像

一、任务描述

通过对前一个任务的学习，我们掌握了对普通图像的相关操作，在网页中，普通图像要占用页面空间，图像上是不允许输入文本或插入其他元素的，要想在图像上插入其他元素，就必须把图像设置为背景图像。本任务需要读者掌握插入背景图像的操作方法及背景图像的显示方式。任务要求如下。

（1）在"WebTest\ 项目 5"文件夹中新建 5-2.html 文档，并实现图 5-7 所示的页面效果。

图 5-7　5-2.html 页面浏览效果图

（2）网页设计要求：

① 插入背景图像。在 5-2.html 文档中插入背景图像"WebTest/ 项目 5/images/ bg.jpg"，要求实现横向重复显示。

② 插入普通图像。在背景页面中插入图像"WebTest/ 项目 5/images/ pic1.jpg"。

二、任务实施

1. 新建文档

新建 5-2.html 文档，并保存到"WebTest/ 项目 5"文件夹中。

2. 插入背景图片

在 5-2.html 文档中单击"属性面板"上的"页面属性"按钮，打开"页面属性"对话框，如图 5-8 所示→在分类中选择"外观"→单击"背景图像"之后的"浏览"按钮，在"WebTest/ 项目 5/images"文件夹中选择背景图像 bg.jpg →单击"确定"按钮→在"重复"下拉列表中选择图片横向重复"repeat-x"→单击"确定"按钮完成背景设置。

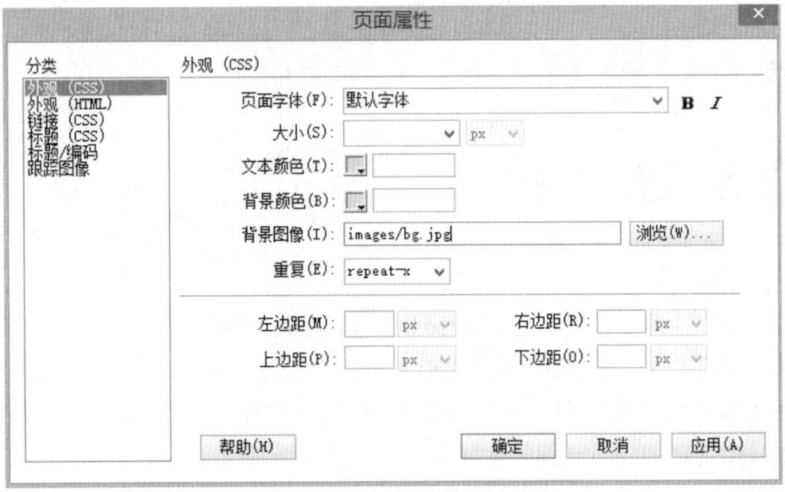

图 5-8　"页面属性"对话框

💡提示："重复"各选项含义：（1）repeat 是全屏平铺；（2）no-repeat 是不重复，图片位于左上角；（3）repeat-x 是图片横向重复，从左上至右上进行重复；（4）repeat-y 是图片纵向重复，从左上至左下进行重复。

3. 插入普通图像

在 5-2.html 文档中，把光标定位到页面的第一行位置→单击"插入"菜单→选择"图像"命令→打开"选择图像源文件"对话框，在"WebTest/ 项目 5/images"文件夹中选择 pic1.jpg →单击"确定"按钮→弹出"图像标签辅助功能属性"对话框，单击"确定"按钮，完成图像的插入→选中图像→单击"格式"菜单→选择"对齐方式"为"居中对齐"，完成设置。

至此，整个页面制作完成。切换到"代码"视图查看生成的 HTML 代码，如图 5-9 所示。

| 代码 | 拆分 | 设计 | 实时视图 | 标题：背景图像应用 |

```
1   <!doctype html>
2   <html>
3   <head>
4   <meta charset="utf-8">
5   <title>背景图像应用</title>
6   <style type="text/css">
7   body {
8       background-image: url(images/bg.jpg);
9       background-repeat: repeat-x;
10  }
11  </style>
12  </head>
13
14  <body>
15  <div align="center">
16    <p><img src="images/pic2.jpg" width="500" height="375"></p>
17  </div>
18  </body>
19  </html>
```

图 5-9　生成的 HTML 代码

4. 保存文档，按【F12】键在浏览器中预览

💡提示："页面文档参考"WebTest/ 项目 5/5-2.html"。

任务三　插入图像占位符

一、任务描述

图像占位符是网站排版布局中经常用到的功能，在布局页面时，如果要在网页中插入一张图片，可以先不制作图片，而是使用占位符来代替图像位置，其大小可以随意定义，并可用自定义的颜色来替代图像的出现。本任务需要读者掌握图像占位符在网页布局中的作用以及操作技能，为后面复杂网页布局打下良好基础，任务要求如下。

（1）在"WebTest\ 项目 5"文件夹中新建 5-3.html 文档，实现图 5-10 所示的页面效果。

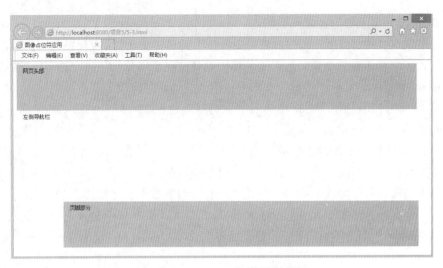

图 5-10　5-3.html 页面浏览效果图

（2）网页设计要求：

① 插入"网页头部"图像占位符。在 5-3.html 文档的第一行插入图像占位符，要求宽 900 px，高 100 px，颜色代码为"#66CCFF"。

② 插入"左侧导航栏"图像占位符。在 5-3.html 文档的左侧插入图像占位符，要求宽 100 px，高 300 px，颜色代码为"#FFFFCC"。

③ 插入"页脚部分"图像占位符。在 5-3.html 文档的底部插入图像占位符，要求宽 800 px，高 100 px，颜色代码为"#66CCFF"。

二、任务实施

1. 新建文档

新建 5-3.html 文档，并保存到"WebTest/ 项目 5"文件夹中。

2. 插入"网页头部"图像占位符

在 5-3.html 文档的"设计"视图中，将光标定位到页面的第一行位置→单击"插入"菜单→在"图像对象"子菜单中选择"图像占位符"命令，打开"图像占位符"对话框→设置如图 5-11 所示，"名称"文本框中输入"head"，"宽度"文本框中输入 900，"高度"文本框中输入 100，"颜色"文本框中输入十六进制颜色值"#66CCF"，"替换文本"文本框中输入"网页头部"→单击"确定"按钮完成设置。

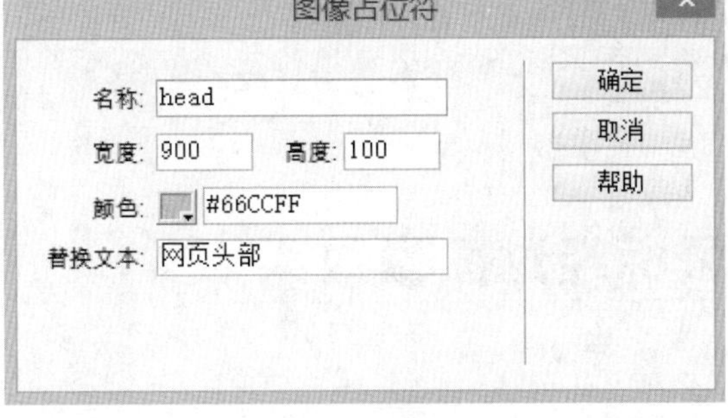

图 5-11　网页头部"图像占位符"对话框

3. 插入"左侧导航栏"图像占位符

将光标定位到"网页头部"图像占位符后→按【Shift+Enter】组合键换行（光标在第二行）→单击"插入"菜单→在"图像对象"子菜单中选择"图像占位符"命令，打开"图像占位符"对话框→设置如图 5-12 所示，"名称"文本框中输入"left"，"宽度"文本框中输入 100，"高度"文本框中输入 300，"颜色"文本框中输入十六进制颜色值"#FFFFCC"，"替换文本"文本框中输入"左侧导航栏"→单击"确定"按钮完成设置。

4. 插入"页脚部分"图像占位符

将光标定位到"左侧导航栏"图像占位符后→单击"插入"菜单→在"图像对象"子菜单中选择"图像占位符"命令，打开"图像占位符"对话框→设置如图 5-13 所示，"名称"文本框中输入"foot"，"宽度"文本框中输入 800，"高度"文本框中输入 100，"颜色"文本框中输入十六进制颜色值"#66CCFF"，"替换文本"文本框中输入"页脚部分"→单击"确定"按钮完成设置。

图 5-12　左侧导航栏"图像占位符"对话框　　图 5-13　页脚部分"图像占位符"对话框

到此，整个页面制作完成。切换到"代码"视图查看生成的 HTML 代码，如图 5-14 所示。

图 5-14　生成的 HTML 代码

5. 保存文档，按【F12】键在浏览器中预览

　提示：（1）页面文档参考"WebTest/ 项目 5/5-3.html"。

（2）插入图像占位符的图像标签的 src 属性为空，而插入普通图像的图像标签的 src 属性为具体的图像链接地址。

任务四　制作鼠标经过图像效果

一、任务描述

鼠标经过图像是一种在浏览器中查看并使用鼠标指针移过它时发生变化的图像，给人一种动态图像的视觉效果。本任务需要读者掌握鼠标经过图像效果的制作方法。任务要求如下。

（1）在"WebTest\ 项目 5"文件夹中新建 5-4.html 文档，实现图 5-15 所示的页面效果。

（2）网页设计要求。

① 制作鼠标经过图像效果：

a．在 5-4.html 文档中插入鼠标经过图像，其中主图像为"WebTest\ 项目 5\images\1.gif"，次图像为"WebTest\ 项目 5\images\2.gif"。

b．替换文本为"图片加载失败"。

c．前往的 URL 为百度网址：http://www.baidu.com。

② 设置图像居中显示。

图 5-15　5-4.html 页面浏览效果图

二、知识储备

鼠标经过图像是指当鼠标指针经过一幅图像时，图像的显示会变为另一幅图像。鼠标经过图像实际上是由两幅图像组成，初始图像（也称主图像，是页面首次装载时显示的图像）和替换图像（也称次图像，当鼠标指针经过时显示的图像）。用于鼠标经过图像的两幅图像大小必须相同。如果图像的大小不同，Dreamweaver 会自动调整第二幅图像的大小，使之与第一幅图像匹配。

三、任务实施

1. 新建文档

新建 5-4.html 文档，并保存到"WebTest/ 项目 5"文件夹中。

2. 制作鼠标经过图像效果

在 5-4.html 文档的"设计"视图中,把光标定位到页面的第一行位置→单击"插入"菜单→在"图像对象"子菜单中选择"鼠标经过图像"命令,打开"插入鼠标经过图像"对话框,如图 5-16 所示→"原始图像"选择"WebTest\ 项目 5\images\1.gif"→"鼠标经过图像"选择"WebTest\ 项目 5\images\2.gif"→"替换文本"文本框中输入"图片加载失败",前往的 URL 为百度网址:http://www.baidu.com→单击"确定"按钮。

3. 设置图像居中显示

选中图像→单击"格式"菜单→选择"对齐方式"为"居中对齐,完成设置。

图 5-16　插入鼠标经过图像对话框

到此,整个页面制作完成。切换到"代码"视图查看生成的 HTML 代码,如图 5-17 所示。

图 5-17　生成的 HTML 代码

提示: 制作鼠标经过图像效果需要 JavaScript 脚本支持,脚本由 Dreamweaver 自动生成。

4. 保存文档,按【F12】键在浏览器中预览

提示: 页面文档参考"WebTest/ 项目 5/5-4.html"。

知识拓展

选中图像后，在"属性"面板中显示了图像的部分属性，如图 5-18 所示。在"修改"菜单中选择"编辑标签"命令，打开"标签编辑器"对话框，在"常规"选项中有更多的属性设置，如图 5-19 所示。

图 5-18　图像属性

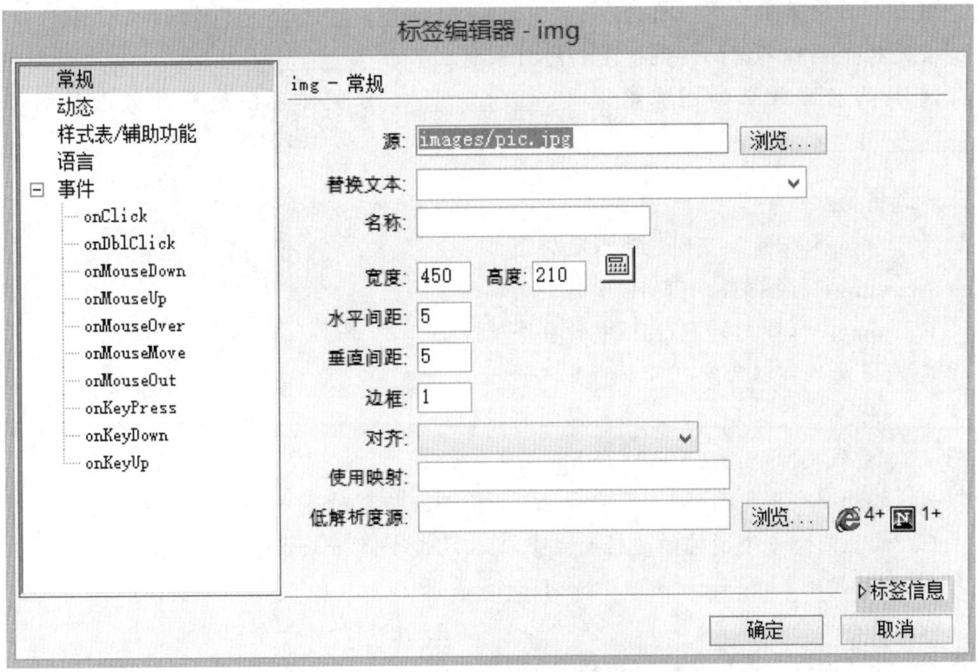

图 5-19　图像"标签编辑器"对话框

在属性面板的左上角，显示当前图像的缩略图，同时显示图像的大小。在缩略图右侧有一个 ID 对应的文本框，在其中可以输入图像标记的名称。

图像的大小是可以改变的，但是在 Dreamweaver 里更改是极不好的习惯，如果计算机安装了 Fireworks 软件，单击"属性"面板的"编辑"旁边的小笔，即可启动 Fireworks 软件对图像进行各种处理。当图像的大小改变时，属性栏中"宽"和"高"的数值会以粗体显示，并在旁边出现一个弧形箭头，单击它可以恢复图像的原始大小。

"宽度"和"高度"用来设置图像显示的尺寸。

"水平间距"和"垂直间距"用来设置图像左右和上下与网页或其他页面元素的距离。

"边框"用来设置图像边框的宽度，默认的边框宽度为 0。

"替换文本"用来设置图像的替代文本，可以输入一段文字，当图像无法显示时，将显示这段文字。

"对齐"下拉列表框用来设置图像与文本的相互对齐方式，共有 9 个选项。通过对齐方式，用户可以将文字对齐到图像的上端、下端、左边和右边等，从而灵活地实现文字与图像的混排效果。

"热点工具"包括矩形热点工具、圆形热点工具和多边形热点工具，如图 5-18 左下角所示。该工具可用来在图像上创建不同的超链接。

思考与练习

一、填空题

1. 图像标签是_____，链接图像 URL 的属性是_____，替代文本属性是_____。

2. 目前网页中常用的图像格式有：_____、_____、_____。

3. 在图像上制作不同的超链接是利用图像属性中的_____。

4. 可制作动画效果的图像格式是_____；可制作不同透明度效果的图像格式是_____。

二、选择题

1. 关于 <img> 标签，下列说法正确的是（   ）。

   A. <img> 标签支持 HTML 中的全局属性

   B. <img> 标签支持 HTML 中的事件属性

   C. scr 属性可以为空也可以为具体的 url

   D. src 属性是必须的，省去时网页将报错

2. HTML 代码 <img src="URL" align=?> 表示（   ）。

   A. 添加一个图像　　　　　　　　　B. 排列对齐一个图像

   C. 设置围绕一个图像的边框的大小　　D. 加入一条水平线

3. HTML 代码 <img src="name" border=?> 表示（   ）。

   A. 添加一个图像　　　　　　　　　B. 排列对齐一个图像

   C. 设置围绕一个图像的边框的大小　　D. 加入一条水平线

4. 页面和图像 pic. png 在同一站点目录中，设置图像宽 200 px，高 100 px，边框大小为 1 像素，下面 HTML 代码中正确的是（   ）。

   A. <img src="pic.png" width="200" height="100" border="1" />

   B. <img src="pic.png" width="200" height="100" alt="1" />

   C. <hr src="pic.png" width="200" height="100" border="1" />

   D. <img src="pic.png" width="200" height="100" border="1"></img>

5. 插入图像的 HTML 代码是 <img src="url">,其中对 url 说法正确的是（   ）。

   A. 可以是网站上图像的一个完整的链接地址

   B. 可以是站点内图像的相对路径

   C. 只能是站点内的图像路径

   D. 以上说法都不正确

6. 页面中插入的图像的"替换"属性对应 <img> 标签中使用的（　　　）。

　　A. alt　　　　　　　B. align　　　　　　C. sytle　　　　　　D. src

7. 下面的图像格式支持动画的是（　　　）。

　　A. JPEG　　　　　　B. GIF　　　　　　　C. PNG　　　　　　D. BMP

8. 在 Dreamweaver 8 中，下面对象中可以添加热点的是（　　　）。

　　A. 文字　　　　　　B. 图像　　　　　　　C. 层　　　　　　　D. 动画

三、简答题

1. 简述网页中插入的普通图像和图像占位符有什么区别。

2. 简述背景图像显示有哪几种"重复"方式。

四、实操练习

实训：图像元素综合应用练习。

实训描述：运用图像元素制作图 5-20 所示的页面效果。

图 5-20　页面效果图

具体要求如下。

1. 在网页中插入背景图像 "WebTest/ 项目 5/images/pic1.jpg" 且横向重复显示。

2. 在网页的第一行居中位置插入图像占位符，宽 1000 px，高 100 px，实现"页面头部"布局，颜色代码为 "#9CD1FB"。

3. 插入菜单图像 "WebTest/ 项目 5/images/menu. jpg"（重复插入）。

4. 在菜单下面左侧插入图像占位符，宽 200 px，高 375 px，颜色代码为 "#87CEEB"，中间插入图像 "WebTest/ 项目 5/images/pic2"，右侧制作两张图像的鼠标经过图像效果，"原始图像"为 "WebTest/ 项目 5/images/pic3.jpg"，"鼠标经过图像" 为 "WebTest/ 项目 5/images/pic4.jpg"。

5. 在页面底部插入图像占位符，宽 1000 px，高 80 px ，颜色代码为 "#FFFFCC"。

项目六

多媒体元素应用

学习目标

- ❏ 会插入 Flash 动画。
- ❏ 会插入视频文件。
- ❏ 会制作背景音乐。

项目简介

前面学习了文本与图像元素，这些在视觉上主要还是静态表现的。为了更好地表达网站的主题，为网页添加活力和吸引力，我们可以在网页中充分地利用各种多媒体元素，如动画、声音、视频等，以获得更好的效果；可以采用多感官刺激的方式去吸引浏览者，这就涉及多媒体元素的应用。本项目需要掌握在网页中插入 Flash 动画、视频文件、音频文件等，并会对多媒体元素属性进行设置。

本项目需要完成的任务：

任务一　插入 Flash 动画。

任务二　插入 FLV 视频文件。

任务三　插入 WMV 视频文件。

任务四　制作背景音乐。

项目实施

任务一　插入 Flash 动画

一、任务描述

本任务要求读者会在网页中插入 Flash 动画，会设置 Flash 的透明效果、播放方式以及其他的属性设置，任务要求如下。

（1）在"WebTest\项目 6"文件夹中新建 6-1.html 文档。

（2）网页设计要求：

① 在 6-1.html 页面中插入 Flash 动画"WebTest\项目 6\flash\Flash.swf"。

② Flash 属性设置：设置透明 Flash 效果；加载时自动播放 Flash 动画；设置自动循环播放功能；Flash 宽为 500 px，高为 300 px；垂直边距为 0 px，水平边距为 10 px。

二、知识储备

1. Flash 动画介绍

Flash 是美国 Macromedia（现已被 Adobe 公司收购）公司推出的一款网页动画设计软件，它是一种交互式动画设计工具，用它可以将音乐、声效、动画、链接以及富有新意的界面融合在一起，以制作出高品质的网页动态效果。我们所说的 Flash 动画属于二维动画，可以用 Flash 软件来制作，其文件格式为 swf 的矢量动画格式，swf 为软件 Flash 的专用格式，被广泛应用于网页设计、动画制作等领域。

2. 播放 Flash 动画

Flash 动画（swf 动画）可以使用 Adobe Flash Player 来播放，Adobe Flash Player 分为独立播放器版和浏览器插件。网页上的 Flash 动画一般用浏览器播放，但需要安装 Adobe Flash Player 浏览器插件，否则，网页上的大部分动画和视频将无法观看，同时页面会反复弹出窗口提示用户安装 Adobe Flash Player 插件。

三、任务实施

1. 新建文档

新建 6-1.html 文档，并保存到"WebTest/ 项目 6"文件夹中。

2. 插入 Flash 动画

1）插入 Flash 文件

在 6-1.html 文档的"设计"视图中，把光标定位到页面的第一行位置→点击"插入"菜单→选择"媒体"中的"SWF"命令→打开"选择 SWF"对话框，在"查找范围"中找到 flash 文件"WebTest\ 项目 6\flash\Flash.swf"→单击"确定"按钮。

2）设置 Flash 文件的属性

选中 Flash →在图 6-1 所示的"属性"面板的"宽"文本框中输入 500，"高"文本框中输入 300（单位默认为"px"）→勾选"循环"和"自动播发"复选框→在"垂直边距"文本框中输入 0，在"水平边距"文本框中输入 10 →在"Wmode"下拉列表中选择"透明"。

图 6-1　Flash 属性

3. 保存文档，按【F12】键在浏览器中预览

> 提示：（1）页面文档参考"WebTest/ 项目 6/6-1.html"。
>
> （2）在"属性"面板中单击"播放"按钮，可观看 Flash 动画效果。
>
> （3）设置 Flash 的"透明"模式，主要是不显示 Flash 的背景色。

任务二 插入 FLV 视频文件

一、任务描述

通过对前一个任务的学习，我们掌握了 Flash 动画的应用。本任务需要掌握 FLV 视频文件的插入与属性设置，从而更好地提高读者对视频文件的实践操作能力，任务要求如下。

（1）在"WebTest\ 项目 6"文件夹中新建 6-2.html 文档。

（2）网页设计要求：

① 在 6-2.html 文档中插入视频文件"WebTest\ 项目 4\flv\FLV.flv"。

② 设置外观为"最小宽度 160"；宽度为 300 px 并限制高度比；加载时自动播放视频；设置自动重新播放功能。

二、知识储备

FLV 是 Flash Video 的简称，FLV 流媒体格式是随着 Flash MX 的推出发展而来的视频格式。由于它形成的文件极小、加载速度极快，使得网络观看视频文件成为可能，它的出现有效地解决了视频文件导入 Flash 后，使导出的 SWF 文件体积庞大，不能在网络上很好地使用等问题。FLV 被众多新一代视频分享网站所采用，是目前增长最快、应用最为广泛的视频传播格式之一。

网页中可以使用不同格式的视频文件，除了 FLV 视频外，流媒体视频还有 wmv、asf、rm 等，还有普通视频文件，如 avi、mpg 等格式。在网页设计中，建议使用 FLV 格式的视频。因为它利用了网页上广泛使用的 Flash Player 平台，将视频整合到 Flash 动画中。也就是说，网站的访问者只要能看 Flash 动画，自然也能看 FLV 格式视频，而无须再额外安装其他视频插件，FLV 视频的使用给视频传播带来了极大便利。

三、任务实施

1. 新建文档

新建 6-2.html 文档，并保存到"WebTest/ 项目 6"文件夹中。

2. 插入 Flash 动画

在 6-2.html 文档的"设计"视图中，把光标定位到页面的第一行位置→单击"插入"菜单→选择"媒体"中的"FLV…"命令→打开"插入 FLV"对话框，如图 6-2 所示→单击"URL"后的"浏览"按钮，找到 FLV 视频文件"WebTest\ 项目 6\Video\FLV.flv"→"外观"选择"最小宽度 160"→单击"检测大小"会自动检查视频文件的"宽度"和"高度"→勾选"限制高宽比"（实现视频按比例缩放），在"宽度"文本框中输入 300 →勾选"自动播放"和"自动重新播放"复选框→单击"确定"按钮完成操作。

图 6-2 "插入 FLV"对话框

3. 保存文档，按【F12】键在浏览器中预览

提示：（1）页面文档参考"WebTest/ 项目 6/6-2.html"。

（2）也可在属性面板中设置 FLV 对象的属性，如图 6-3 所示。

图 6-3 FLV 属性

任务三 插入 WMV 视频文件

一、任务描述

通过对前一个任务的学习，我们掌握了 FLV 视频的应用。本任务需要掌握 WMV 视频文件的插入与属性设置，让读者进一步加深对不同格式的视频文件的操作及应用能力，任务要求如下。

（1）在"WebTest\ 项目 6"文件夹中新建 6-3.html 文档。

（2）网页设计要求。

① 在 6-3.html 页面中插入视频文件"WebTest\ 项目 6\video\winsat.wmv"。

② 属性设置：

a．设置插件的宽为 400 px，高为 300 px。

b．设置垂直边距为 5 px，水平边距为 20 px。

c．设置视频为自动播放且循环播放。

二、任务实施

1．新建文档

新建 6-3.html 文档，并保存到"WebTest/ 项目 6"文件夹中。

2．插入 WMV 动画

在 6-3.html 文档的"设计"视图中，把光标定位到页面的第一行位置→单击"插入"菜单→选择"媒体"中的"插件"命令→在打开的"选择文件"对话框中选择 WMV 视频文件"WebTest\ 项目 6\Video\winsat.wmv"→单击"确定"按钮完成操作

3．属性设置

选中插件→在图 6-4 所示的"属性"面板的"宽"文本框中输入 400，"高"文本框中输入 300，"垂直边距"文本框中输入 5，"水平边距"中输入 20 →单击"参数"按钮，如图 6-5 所示，分别输入 autostart="true"、LOOP="true" →单击"确定"按钮，完成设置。

> 💡 **提示**：autostart="true" 表示页面打开时自动播放（默认为自动播放），loop="true" 表示循环播放（默认为播放一次）。

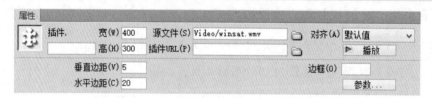

图 6-4　插件属性

图 6-5　参数设置

4．保存文档，按【F12】键在浏览器中预览

> 💡 **提示**：（1）页面文档参考"WebTest/ 项目 6/6-3.html"。
>
> （2）WMV（Windows Media Video）是微软推出的一种流媒体格式，Windows 系统自带的 Windows Media Player 可完美支持 WMV 格式。

任务四 制作背景音乐

一、任务描述

我们在打开某些网页时会听到动听的背景音乐声，这给网页添加了不少生气。本任务需要掌握网页背景音乐的制作，任务要求如下（以 MP3 音频为例）。

（1）在"WebTest\ 项目 6"文件夹中新建 6-4.html 文档。

（2）在 6-4.html 页面中插入 MP3 音频文件"WebTest\ 项目 6\ Audio\sound.mp3"。

（3）要求采用嵌入 MP3 音乐的方式作为页面的背景音乐，不显示播放条。

（4）要求实现音乐的自动播放和循环播放功能。

二、知识储备

网页中常见的声音格式有 WAV、MP3、MIDI、AIF、RA（Real Audio）等。为网页添加声音效果可以通过设置背景音乐或嵌入音乐两种方法实现。

1. 直接设置音乐文件为背景音乐

语法：<bgsound src=" 背景音乐的路径 ">

> 💡 **注意**：这种语法制作的背景音乐 IE 浏览器支持，但有部分浏览器不支持，如 Firefox、Chrome 等，打开网页时没有背景音乐。

2. 嵌入音乐文件为背景音乐

方法：插入→媒体→插件

语法：<embed src=" 背景音乐的路径 "></embed>

这种方式支持所有的浏览器浏览，建议制作背景音乐时采用此方法。

三、任务实施

1. 新建文档

新建 6-4.html 文档，并保存到"WebTest/ 项目 6"文件夹中。

2. 插入 MP3 音频

在 6-4.html 文档的"设计"视图中，把光标定位到页面的第一行位置→单击"插入"菜单→选择"媒体"中的"插件"命令→在打开的"选择文件"对话框中选择 MP3 音频文件"WebTest\ 项目 6\ Audio\sound.mp3"→单击"确定"按钮，完成插入操作

3. 属性设置

选中插件对象，在图 6-6 所示的属性面板的"宽"文本框中输入 0，"高"文本框中输入 0（此处设置宽高均为 0，达到隐藏播放条的目的）→单击"参数"按钮，如图 6-5 所示，分别输入 autostart="true"、LOOP="true"→单击"确定"按钮，完成设置。

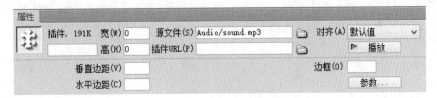

图 6-6 插件属性

4. 保存文档，按【F12】键在浏览器中预览

提示：页面文档参考 "WebTest/ 项目 6/6-4.html"。

思考与练习

一、填空题

1. 添加背景音乐的 HTML 标签是_____。

2. swf 动画的播放插件是_____。

3. swf 动画制作的专用软件是_____。

4. 设置视频自动播放的参数是_____，值为_____；循环插入的参数是_____，值为_____。

二、选择题

1. 在 Dreamweaver CS6 中，要设置插入的 swf 动画背景为透明色，可单击"属性"面板上的（　　）。

　　A．Wmode　　　　B．编辑　　　　　C．参数　　　　　D．品质

2. 网页中，Flash 动画文件的扩展名是（　　）。

　　A．.fla　　　　　B．.swf　　　　　C．.gif　　　　　D．.jpg

3. 网页中常用的视频格式包括（　　）。

　　A．FLV　　　　　B．MP4　　　　　C．WMV　　　　　D．以上全是

4. 下列是添加背景音乐的 html 标签是（　　）。

　　A．bgmusic　　　B．bgsond　　　　C．bgsound　　　　D．music

5. Flash 视频文件的特点是（　　）。

　　A．跨平台　　　　B．流媒体格式　　　C．压缩效率高　　　D．以上都不正确

三、实操练习

实训 1：插入 Flash 动画。

实训描述：利用百度等搜索引擎，下载一个Flash动画，并把Flash动画插入自己的网页中(比较透明模式与非透明模式的区别？)

实训 2：插入视频文件。

实训描述：利用百度等搜索引擎，下载一个如 FLV、WMV 等格式的视频文件，并把视频文件插入自己的网页中，播放模式为不自动播放。

实训 3：为网页添加背景音乐。

实训描述：利用百度等搜索引擎，下载一首如 MP3、WAV 等格式的音频文件，作为背景音乐插入自己的网页中，播放模式为循环自动播放。

项目七

超链接元素应用

学习目标

- ☐ 会应用内部链接。
- ☐ 会应用外部链接。
- ☐ 会应用锚点链接。

项目简介

通过前面项目的学习，我们能制作出图文并茂、有声音及动画的网页，但每个页面是独立的，页面之间缺乏联系。本项目将学习超链接的应用，使多个孤立的网页之间产生一定的相互联系，从而使单独的网页形成一个有机的整体。

本项目需要完成的任务：

任务一 内部链接应用。

任务二 外部链接应用。

任务三 锚点链接应用。

项目实施

任务一 内部链接应用

一、任务描述

本任务主要实现站点内页面之间的链接，掌握内部链接的操作方法。任务要求如下。

（1）在"WebTest\ 项目 7"文件夹中新建 7-1.html 文档，并实现图 7-1 所示的页面效果。

（2）在 7-1.html 文档中实现对"项目六"中的 6-1.html、6-2.html、6-3.html、6-4.html 各页面的统一访问。页面效果如图 7-1 所示。

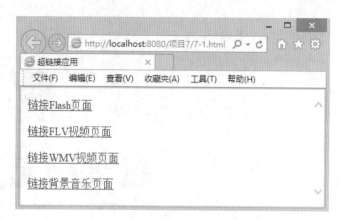

图 7-1　7-1.html 页面浏览效果图

二、知识储备

超链接是网页页面中最重要的元素之一，是一个网站的灵魂。一个网站是由多个页面组成的，页面之间依靠超链接确定相互的导航关系，即从一个网页指向一个目标的连接关系，这个目标可以是另一个网页，也可以是相同网页上的不同位置，还可以是一个图片，一个电子邮件地址，一个文件，甚至是一个应用程序。超链接是网页中最重要、最根本的元素之一，它是整个网站的基础，在网页之间起着桥梁作用，能够使多个孤立的网页之间产生一定的相互联系，从而使单独的网页形成一个有机的整体。

1. 超链接标签

超链接标签是 <a>，HTML 链接语法：<a href="url">Link object</a>，其中 url 为链接地址，Link object 为链接对象。

2. 超链接的类型

按照连接路径不同，网页中的超链接可分为 3 种类型：外部链接、内部链接和锚点链接。

（1）外部链接：是一种绝对 URL（Uniform Resource Locator，统一资源定位符）的超链接，指 Internet 上资源的完整地址。简单地讲就是网络上的一个站点、网页的完整路径，如 http://www.cswu.cn、http://www.baidu.com/index.html 等。主要用于站点外的链接。

（2）内部链接：是一种相对 URL 的超链接，指 Internet 上资源相对于当前页面的地址，它包含从当前页面指向目标页面的路径，主要用于站点内的链接。

（3）锚点链接：也称书签链接，是一种在同一网页中的超链接。主要用于在同一页面中的不同位置的链接。

3. 超链接的链接对象

按照网页中使用的对象不同，超链接可以分为：文本超链接、图像超链接、E-mail 链接、锚点链接、多媒体文件链接和空链接等。

4. 链接路径

链接路径有 3 种类型：绝对路径、站点根目录相对路径和文档相对路径。

（1）绝对路径：是指链接文件的完整路径，例如，"http://www.baidu.com/index.html" 就是一个绝对路径。

（2）站点根目录相对路径：指从站点的根文件夹到文档的路径，站点根目录相对路径以一个正斜杠开始，正斜杠表示站点根文件夹，如 /default.Asp、/ WebTest / 项目 5/5-1.html 等。

（3）文档相对路径：是省略掉与当前文档路径中相同的部分，只输入不同的路径部分，如 images/tp.gif，../article/news.asp，正斜杠 "/" 表示在文件夹层次结构中下移一级。".." 表示在文件夹层次结构中上移一级，文档相对路径是站点内最常使用的一种连接路径。

5. 超链接的目标

网站设计者可根据用户浏览的便利性和页面的重要程度进行灵活设置，打开超链接的目标有 _blank、new、_parent、_self、_top 几种，具体含义如下：

（1）_blank：在新窗口中打开链接。

（2）new：新建子窗口打开链接，与 -blank 类似，但不同的浏览器可能效果不一样。

（3）_parent：在父窗体中打开链接。

（4）_self：在当前窗体打开链接，此为默认值。

（5）_top：在当前窗体打开链接，并替换当前的整个窗体（框架页），具体讲就是网页在框架内，这个网页上有一个链接 target 设成 _top，单击此链接时，目标网页就会在当前浏览器中打开，而框架会消失。

> 💡 **提示：** 如设置了框架，超链接目标也可以是框架名，表示在指定的框架中打开页面。在 "框架元素应用" 任务中将进行具体介绍。

三、任务实施

1. 新建文档

新建 HTML 文档，保存到 "WebTest/ 项目 7" 文件夹中，文件名为 7-1.html。

2. 输入文本信息

在 7-1.html 文档的 "设计" 视图中，把光标定位到页面的第一行位置→输入文本 "链接 Flash 页面"→按【Enter】键（分段）→在第二行输入文本 "链接 FLV 视频页面"→按【Enter】键→在第三行输入文本 "链接 WMV 视频页面"→按【Enter】键→在第四行输入文本 "链接背景音乐页面"。

3. 制作文本超链接

在 7-1.html 页面中选中"链接 Flash 页面"文本→如图 7-2 所示，在"属性"面板中单击"链接"后的 "浏览文件" 图标 📁 →打开 "选择文件" 对话框，如图 7-3 所示→在 "WebTest\ 项目 6" 文件夹中选择 "6-1.html" 文件→单击 "确定" 按钮→在 "属性" 面板的 "目标" 下拉列表中选择 "_blank"，完成操作。

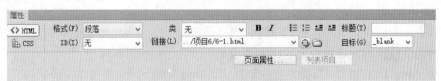

图 7-2　文本超链接属性

其他文本的超链接制作方法类似，请读者自行完成。

到此，整个页面制作完成。切换到 "代码" 视图查看生成的 HTML 代码如图 7-4 所示。

图 7-3 "选择文件"对话框

```
1   <!DOCTYPE html PUBLIC "-//W3C//DTD XHTML 1.0 Transitional//EN"
    "http://www.w3.org/TR/xhtml1/DTD/xhtml1-transitional.dtd">
2   <html xmlns="http://www.w3.org/1999/xhtml">
3   <head>
4   <meta http-equiv="Content-Type" content="text/html; charset=utf-8" />
5   <title>超链接应用</title>
6   </head>
7   <body>
8   <p><a href="../项目6/6-1.html" target="_blank">链接Flash页面</a></p>
9   <p><a href="../项目6/6-2.html" target="_blank">链接FLV视频页面</a></p>
10  <p><a href="../项目6/6-3.html" target="_blank">链接WMV视频页面</a></p>
11  <p><a href="../项目6/6-4.html" target="_blank">链接背景音乐页面</a></p>
12  </body>
13  </html>
```

图 7-4 生成的 HTML 代码

4. 保存文档，按【F12】键在浏览器中预览

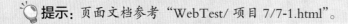

提示：页面文档参考"WebTest/ 项目 7/7-1.html"。

任务二 外部链接应用

一、项目描述

通过对前一个任务的学习，我们掌握了内部链接的操作，本任务需要掌握外部链接的操作方法以及对超链接的样式进行设置。任务要求如下。

（1）在"WebTest\ 项目 7"文件夹中新建 7-2.html 文档，并实现图 7-5 所示的"网址导航"页面浏览效果。

（2）网页设计要求。

① 页面中各超链接打开的目标为"_blank"。

② 超链接样式要求：

a．去掉超链接下的下画线。

b．"链接颜色"为黑色（#000000），"活动链接"颜色为橙色（#f47920），"已访问链接"颜色为青蓝色（#102b6a）。

图 7-5　7-2.html 页面浏览效果图

二、任务实施

1. 新建文档

新建 7-2.html 文档，并保存到"WebTest/ 项目 7"文件夹中。

2. 输入文字信息

在 7-2.html 文档的"设计"视图中按图 7-5 页面效果所示输入文本信息（说明：各网站名之间用一个全角空格分隔或用特殊符号   分隔，每行按【Enter】键分段）。

3. 制作超链接

以制作"百度"的超链接（http://www.baidu.com）为例：选中文本"百度"，如图 7-6 所示，在"属性"面板中选择"<>HTML"，在"链接"文本框中输入"百度"网站的完整地址，即 http://www.baidu.com，"目标"选择"_blank"。

图 7-6　文本属性

其他网站的超链接制作方法类似，请读者自行完成。

4. 制作 E-mail 链接

选中"12365@qq.com"→单击"插入"菜单→选择"电子邮件链接"命令，弹出图 7-7 所示的"电子邮件链接"对话框（可编辑"文本"和"电子邮件"文本框）→单击"确定"按钮。

5. 设置超链接样式

默认时，文本超链接是带下画线的，链接颜色为蓝色，如图 7-8 所示。

下面按任务需求设置超链接样式：

单击"属性"面板的"页面属性…"按钮→在打开的"页面属性"对话框中选择"链接

CSS"选项，如图7-9所示→"下画线样式"选择"始终无下画线"，在"链接颜色"文本框中输入"#000000"，在"已访问链接"文本框中输入"#102b6a"，在"活动链接"文本框中输入"#f47920"→单击"确定"按钮完成设置。

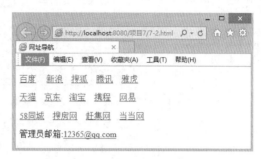

图 7-7 "电子邮件链接"对话框   图 7-8 7-2.html 超链接默认效果图

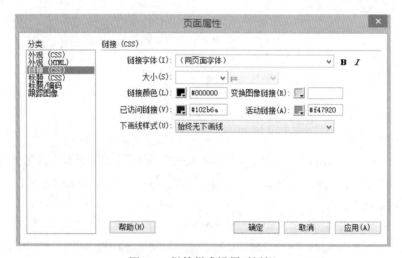

图 7-9 链接样式设置对话框

6. 保存文档，按【F12】键在浏览器中预览

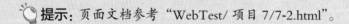

提示：页面文档参考"WebTest/ 项目 7/7-2.html"。

任务三 锚记链接应用

一、项目描述

通过对前面任务的学习，我们掌握了对站内文件和站外文件的链接方法。本任务需要掌握在同一页面中的不同位置的链接，任务要求如下。

（1）在"WebTest\ 项目 7"文件夹中新建 7-3.html 文档，并实现如图 7-10 所示的页面效果。

（2）在网上搜索"山城重庆介绍"的相关文本信息，并插入该页面中（文字要尽量多，浏览时要超过一屏效果才明显）。

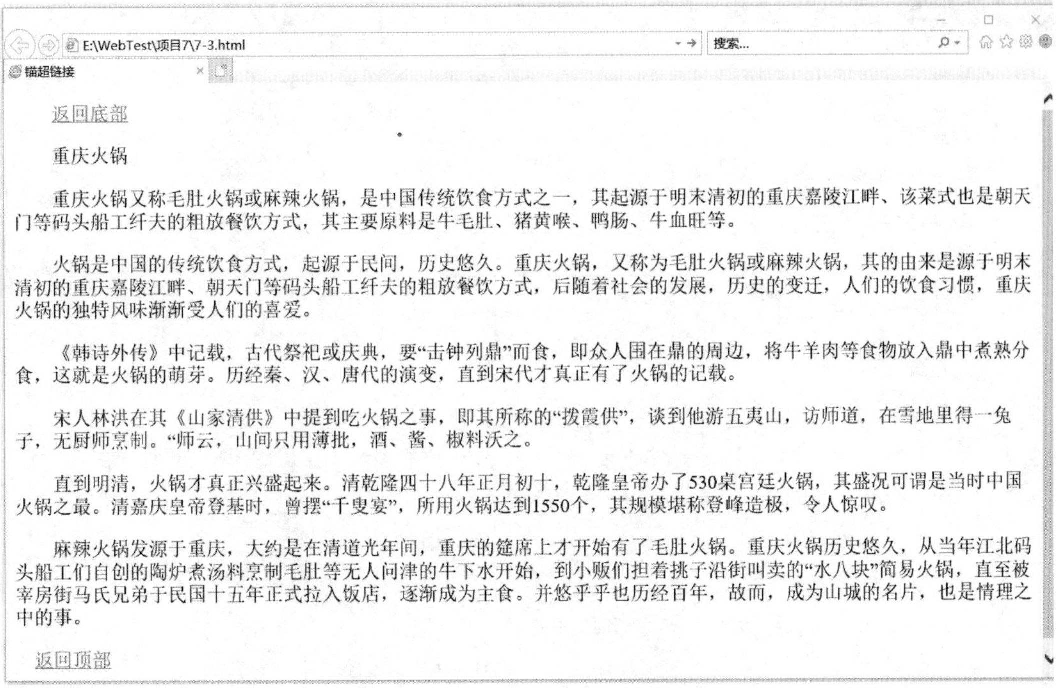

图 7-10　7.3.html 页面浏览效果图

二、任务实施

1. 新建文档

新建 7-3.html 文档，并保存到"WebTest/ 项目 7"文件夹中。

2. 插入文本信息

在网上搜索"山城重庆介绍"信息，把搜索到的文本信息复制粘贴到 7.3.html 文档中。

3. 创建命名锚记

将光标置于第一行文字"返回底部"后面 →选择"插入"菜单，选择"命名锚记"选项 →在打开的"命名锚记"对话框中的"锚记名称"文本框中输入锚记的名称如 top（注意：锚记名不能含有空格，而且不应置于层内），→单击"确定"按钮。

将光标置于最后一行文字"返回顶部"后面 →选择"插入"菜单，选择"命名锚记"选项 →在打开的"命名锚记"对话框中的"锚记名称"文本框中输入锚记的名称如 bottom →单击"确定"按钮。

4. 链接到命名锚记

选中第一行文字"返回底部"→在"属性"面板"链接"文本框中输入锚记名称"#bottom"。

选中最后一行文字"返回顶部"→在"属性"面板"链接"文本框中输入锚记名称"#top"。

5. 保存网页，按【F12】键在浏览器中浏览效果

提示：（1）页面文档参考"WebTest/ 项目 7/7-3.html"。

（2）创建锚点链接分为创建"命名锚记"、链接到命名锚记两步。

思考与练习

一、填空题

1. 超链接的类型有_____、_____、_____。

2. 链接路径有_____、_____、_____。

3. 打开超链接的目标有_____、_____、_____、_____。

4. 超链接标签是_____。

二、选择题

1. 超链接是一种（   ）的关系。

　　A. 多对一　　　　　B. 一对多　　　　　C. 多对多　　　　　D. 一对一

2. http://www. cswu. cn 表示（   ）路径。

　　A. 绝对路径　　　　　　　　　　　　B. 相对路径

　　C. 根目录相对路径　　　　　　　　　D. 文档目录相对路径

3. news/index. asp 表示（   ）路径。

　　A. 绝对路径　　　　　　　　　　　　B. 相对路径

　　C. 根目录相对路径　　　　　　　　　D. 文档目录相对路径

4. /WebSite/news/index. asp 表示（   ）路径。

　　A. 绝对路径　　　　　　　　　　　　B. 相对路径

　　C. 根目录相对路径　　　　　　　　　D. 文档目录相对路径

5. 下面关于超链接的说法正确的是（   ）。

　　A. 一个超链接是由被指向的目标和指向目标的链接指针组成

　　B. 超链接只能是文本或图像

　　C. 超链接的目标不能是应用程序

　　D. 当单击超链接时，浏览器将下载 Web 地址

6. 下列可以作为超链接对象的是（   ）。

　　A. 文本　　　　　　　　　　　　　　B. 图像

　　C. 文件　　　　　　　　　　　　　　D. 以上说法都不正确

7. 在 Dreamweaver 中，要建立空链接，可在"链接"文本框中直接输入（   ）。

　　A. #　　　　　　　B. @　　　　　　　C. $　　　　　　　D. &

8. 下列超链接的路径属于相对路径的是（   ）。

　　A. http://www.baidu.com/index.htm　　B. /download/1.htm

　　C. http://www.sina.com　　　　　　　D. ../download/1.asp

9. 要链接站点以外的网页时，必须使用的路径是（   ）。

　　A. 绝对路径　　　　　　　　　　　　B. 根文件夹相对路径

　　C. 文档相对路径　　　　　　　　　　D. 以上都不对

10. 要将超链接目标在新的浏览器窗口中打开，应设置目标属性为（   ）。

　　A. _parent　　　　B. _blank　　　　C. _self　　　　　D. _top

三、简答题

1. 简述创建内部链接的方法。
2. 简述创建外部链接的方法。
3. 简述创建锚点链接的方法。

四、实操练习

实训：在图像上创建热点超链接

实训描述：

1. 准备一张功能分区图像素材。
2. 新建 HTML 文档，并把功能分区图像插入到新建的 HTML 文档中。
3. 在插入的功能分区图像上以功能区创建热点，实现在图片上单击击各功能区显示不同的超链接。

页面效果如图 7-11 所示。

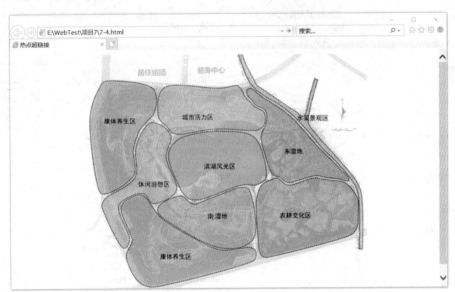

图 7-11　页面浏览效果图

下面以"农耕文化区"和"康体养生区"为例创建热点超链接。

把图片和新建的 HTML 文档保存在同一站点目录下→在 HTML 文档中插入功能分区图像→选中图像 →在"属性"面板中选择热点工具（热点工具有矩形、圆形和多边形，如图 7-12 所示）→用热点工具勾画"农耕文化区"所在位置 →在链接中输入网址 #（注：这里用空链接代替链接地址）→再用热点工具勾画"康体养生区"所在位置→ 在链接中输入网址 #，效果如图 7-13 所示 →保存网页，按【F12】键在浏览器中浏览效果。

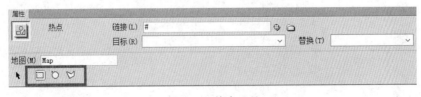

图 7-12　热点工具

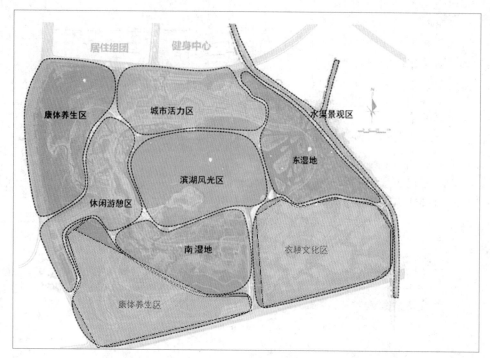

图 7-13　创建热点

表格元素应用

学习目标

- ❏ 会插入表格。
- ❏ 会拆分与合并、插入与删除表格。
- ❏ 会设置表格的属性。
- ❏ 会利用表格进行网页布局。

项目简介

通过前面项目的学习，我们掌握了文本、图像、多媒体等元素的应用，但在插入网页元素时，并不能很好地控制各种元素的位置。表格是 HTML 语言中的一种元素，主要用于网页内容的布局，组织整个网页的外观，通过表格可以精确地控制各网页元素在网页中的位置。本项目需要掌握插入表格元素的方法，设置表格元素属性以及利用表格元素进行网页布局等操作。

本项目需要完成的任务：

任务一　表格元素的插入与设置。

任务二　运用表格进行网页布局。

项目实施

任务一　表格元素的插入与设置

一、任务描述

该任务主要完成表格元素的插入与编辑，通过对表格的合并与拆分，宽度、高度的调整以及属性的设置，达到熟练掌握运用表格实现对网页布局的技能，任务要求如下。

（1）在"WebTest\项目 8"文件夹中新建 8-1.html 文档，并实现图 8-1 所示的页面效果。

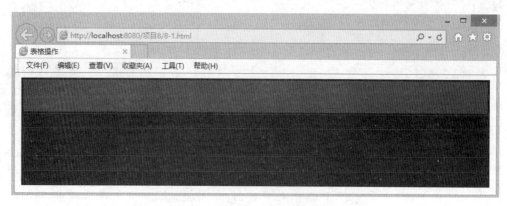

图 8-1　8-1.html 页面浏览效果图

（2）网页设计要求：

① 插入一个 3 行 4 列的表格。

② 表格设置：a. 宽度为 800 px；b. 边框粗细为 1 px；c. 对齐为居中对齐；d. 背景颜色为蓝色；e. 把第 1 行单元格合并成一个单元格再拆分成两行；f. 把第 1 行高度设置为 50 px，背景颜色设置为红色；g. 设置第 3 行第 1 列单元格宽为 200 px，高为 40 px；h. 删除第 1 列，再删除第 4 行；i. 在第 3 行后面插入一个新行。

二、任务实施

1. 新建文档

新建 8-1.html 文档，并保存到"WebTest/ 项目 8"文件夹中。

2. 插入表格

在 8-1.html 文档的"设计"视图中，把光标定位到页面的第一行位置→单击"插入"菜单→选择"表格"命令→在弹出的"表格"对话框中，"行数"文本框中输入 3，"列"文本框中输入 4，"表格宽度"文本框中输入 800，单位选择"像素"，"边框粗细"文本框中输入 1，其他参数默认，如图 8-2 所示→单击"确定"按钮。

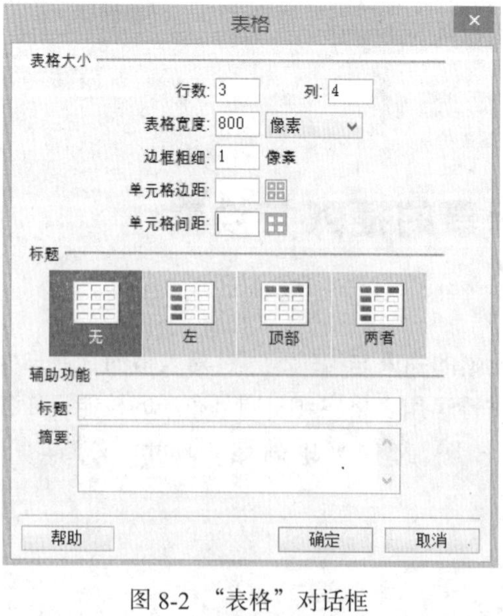

图 8-2　"表格"对话框

3. 属性设置

1）设置表格居中对齐

选中表格→在图 8-3 所示的"属性"面板的"对齐"下拉列表中选择"居中对齐"选项。

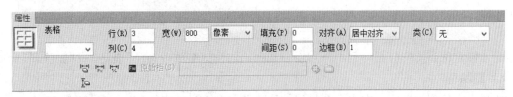

图 8-3　表格属性

2）设置表格背景色

方法一：切换到"代码"视图→在"表格"标签 <table> 中按【Space】键，在代码提示中选择 bgcolor，在拾色器中选择蓝色"#0000FF"。

方法二：选中表格→单击"修改"菜单→单击"编辑标签"，弹出"标签编辑器 -table"如图 8-4 所示→在"背景颜色"拾色器中选择蓝色"#0000FF"。

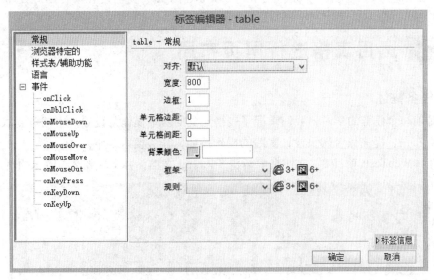

图 8-4　"标签编辑器 -table"对话框

> 💡 提示：在 Dreamweaver 6 中，表格属性面板中没有"背景颜色"设置，可在 table 标签编辑器里进行背景颜色设置，但选择单元格时属性面板中会显示背景颜色。

3）合并单元格

选中第 1 行中的 4 个单元格→右击→在弹出的快捷菜单中选择"表格"→"合并单元格"命令。

4）拆分单元格

选中第一行→右击→在弹出的快捷菜单中选择"表格"→"拆分单元格"命令，在打开的"拆分单元格"对话框中选择"行"单选按钮，"行数"文本框中输入 2 →单击"确定"按钮。

5）设置行的宽、高和背景颜色

选中第一行→在"属性"面板的"高"文本框中输入 50（默认为 px）→在"背景颜色"

拾色器中选择红色"#FF0000"。

6）设置单元格宽、高

把光标定位到第三行第一列中→在"属性"面板中的"宽"文本框中输入 200，"高"文本框中输入 40。

7）删除列

把光标定位到第三行第一列中→右击→在弹出的快捷菜单中选择"表格"→"删除列"命令。

8）删除行

把光标定位到第四行→右击→在弹出的快捷菜单中选择"表格"→"删除行"命令。

9）插入行

把光标定位到第四行→右击→在弹出的快捷菜单中选择"表格"→"插入行"命令。

4. 保存网页，按【F12】键在浏览器中浏览效果

提示：（1）页面文档参考"WebTest / 项目 8/8-1.html"。

（2）在标签中按【Space】键会显示属性提示，可大大提高设计人员编码效率。

任务二　运用表格进行网页布局

一、任务描述

通过对前一个任务的学习，我们掌握了表格元素的基本操作与设置。本任务要求会运用表格进行网页布局，提高读者网页设计实践的操作技能，任务要求如下。

（1）在"WebTest\ 项目 8"文件夹中新建 8-2.html 文档，并实现图 8-5 所示的页面效果。

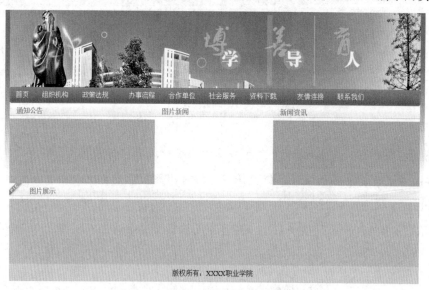

图 8-5　8-2.html 页面浏览效果图

（2）网页设计要求：

① 为页面设置背景图像，图像为"WebTest\ 项目 8\images\bg.jpg"。

② 运用表格,进行页面布局(页面分"网页头部,即 Logo 部分"、"菜单"、通知 / 新闻栏目、图片展示、页脚(版权信息)等部分)。

提示:应用表格嵌套,制作复杂的页面布局效果。

③ 网页头部插入背景图像"WebTest\ 项目 8\images\top.jpg",并在背景图像上播放 Flash 动画,设置 Flash 动画为透明模式。

④ 插入菜单背景图像"WebTest\ 项目 8\images\Menu_left.jpg、Menu_mid.jpg、Menu_right",并输入菜单名称。

⑤ 插入"通知公告""图片新闻""新闻资讯"三个栏目的背景图像"WebTest\ 项目 8\images\lm_bg.jpg",并在对应栏目下插入"图像占位符"代替具体内容。

⑥ 插入"图片展示"栏目背景图像"WebTest\ 项目 8\images\pic_bg.jpg",输入"图片展示"文本,并在栏目下插入"图像占位符"代替具体内容。

提示:以上所有栏目上面的文本的十六进制颜色代码为"#00CCFF"。

⑦ 插入页脚信息。

二、任务实施

1. 新建文档

新建 8-2.html 文档,并保存到"WebTest/ 项目 8"文件夹中。

2. 设置网页属性

单击"属性"面板中的"页面属性"按钮,弹出图 8-6 所示的"页面属性"对话框→选择左窗格中的"外观"选项(默认打开为外观)→单击"图像背景"后面的"浏览"按钮→选择图像"WebTest/ 项目 8/images/bg.jpg"→"重复"选择"repeat-x"→"上边距"文本框中输入 0,单位选择 px →选择左窗格中的"链接"选项→选择"下画线样式"为"始终无下画线"→单击"确定"按钮。

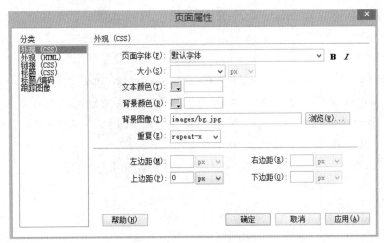

图 8-6 页面属性对话框

3. 插入外层表格

根据网页浏览效果图,页面分为头部、菜单、栏目块、图片展示和页脚五部分,因此,先插入一个 5 行一列的表格来布局相关信息。

单击"插入"菜单→选择"表格"命令,弹出图 8-7 所示对话框→"行数"输入 5,"列"输入 1,"表格宽度"输入 980 像素,因表格主要用来布局页面,浏览时不需要显示,所以边框粗细、单元格边距和单元格间距均设为 0 →单击"确定"按钮→选中表格→在"属性"面板的"对齐"中选择"居中对齐"。

图 8-7 "表格"对话框

4. 制作"网页头"

1)在表格第一行单元格中插入背景图像

将光标定位在表格第一行中→切换到"代码"视图→在第一行单元格 <td> 中输入宽、高和背景,如代码所示:<td width="980" height="180" background="images/top.jpg"></td>(背景图片 top.jpg 宽为 980 像素、高为 180 像素,background 为设置"背景图像"属性)。

2)在表格第一行单元格中插入 Flash 动画

切换到"设计"视图→将光标定位在表格第一行中→单击"插入"菜单→选择"媒体"中的 SWF →选择 Flash 动画"WebTest/ 项目 8/images/Flash.swf"→单击"确定"按钮→单击"确定"按钮→选中 Flash 对象→在"属性"面板中设置宽 970 像素、高 170 像素,Wmode 选择"透明"(读者可先可不设置透明,观看浏览效果)。

5. 制作菜单

将光标定位在第二行→插入一个 1 行 3 列的表格,属性设置如图 8-8 所示→选中第 1 个单元格,在属性面板中设置"高"为 37 像素,"宽"为 14 像素,并添加背景图片"WebTest/ 项目 8/images/Menu_left.jpg",代码为:<td width="14" height="37" background="images/Menu_left.jpg"></td> →选中第 3 个单元格,在属性面板中设置"高"为 37 像素,"宽"为 20 像素,并添加背景图片"WebTest/ 项目 8/images/ Menu_right.jpg",代码为:<td width="14" height="37" background="images/Menu_right.jpg"></td> →将光标定位在第 2 个单元格,并添加背景图片"WebTest/ 项目 8/images/Menu_mid.jpg",代码为:<td width="14" height="37" background="images/Menu_mid.jpg"></td>。

图 8-8 制作菜单表格设置

6. 制作栏目

（1）将光标定位在外层表格的第三行，在"属性"面板中设置"垂直"为"顶端"对齐→插入一个 1 行 3 列的表格，属性设置如图 8-9 所示。

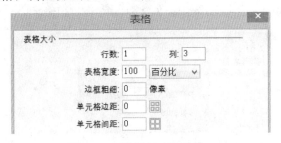

图 8-9　制作栏目表格设置 1

（2）将光标定位在第 1 个单元格中，在"属性"面板中设置"垂直"为"顶端"对齐，宽为 350 px，并插入一个 2 行 1 列表格，属性设置如图 8-10 所示，设置第 1 行高为 36 px，并添加背景图片"WebTest/ 项目 8/images/lm_bg.jpg"，如代码所示 <td height="36" background="images/lm_bg.jpg"></td>，在背景图像上输入文字"通知公告"文字颜色设置为白色，设置第 2 行"垂直"为"顶端"对齐，高为 150 px，在该行中插入一个高 150 px、宽 350 px、颜色代码为"#66CCFF"的图像点位符。

图 8-10　制作栏目表格设置 2

（3）将光标定位在第 2 个单元格中，在"属性"面板中设置"垂直"为"顶端"对齐，宽为 280 px，并插入一个 2 行 1 列表格，属性设置如图 8-10 所示，设置第 1 行高 36 px，并添加背景图片"WebTest/ 项目 8/images/lm_bg.jpg"，如代码所示 <td height="36" background="images/lm_bg.jpg"></td>，在背景图像上输入文字"图片新闻"文字颜色设置为天蓝色，设置第 2 行"垂直"为"顶端"对齐，"高"为 150 像素，在该行中插入一个"高"为 150 像素、"宽"为 280 像素、颜色代码为"#FFFFCC"的图像点位符。

（4）将光标定位在第 3 个单元格中，在"属性"面板中设置"垂直"为"顶端"对齐，"宽"为 350 像素，并插入一个 2 行 1 列表格，属性设置如图 8-10 所示，设置第 1 行"高"为 36 像素，并添加背景图片"WebTest/ 项目 8/images/lm_bg.jpg"，如代码所示 <td height="36" background="images/lm_bg.jpg"></td>，在背景图像上输入文字"新闻资讯"文字颜色设置为天蓝色，设置第 2 行"垂直"为"顶端"对齐，"高"为 150 像素，在该行中插入一个"高"为 150 像素、"宽"为 350 像素、颜色代码为"#66CCCC"的图像点位符。

7. 制作图片展示

将光标定位在外层表格的第四行，在"属性"面板中设置"垂直"为"顶端"对齐→插入一个 2 行 1 列，属性设置如图 8-11 所示。将光标定位在第一行，在属性面板中设置高为 36

像素；并添加背景图片"WebTest/ 项目 8/images/ pic_bg.jpg"，如代码所示 <td height="36" background="images/pic_bg.jpg"></td>，在背景图像上输入文字"图片展示"文字颜色设置为天蓝色，设置第 2 行"垂直"为"顶端"对齐，"高"为 150 像素，在该行中插入一个"高"为 150 像素、"宽"为 980 像素、颜色代码为"#33FFFF"的图像点位符。

图 8-11　制作图片展示表格设置

8. 制作页脚

将光标定位在外层表格的第五行，在属性面板中设置"高"为 40 像素，"水平"选择"居中对齐"，背景颜色代码为"#CCCCCC"，并输入版权信息（如"版权所有:XXXX 理职业学院"）。

9. 保存网页，按【F12】键在浏览器中浏览效果

💡 **提示:** 页面文档参考"WebTest / 项目 8/8-2.html"。

知识拓展

一、表格的结构

表格是由一个或多个单元格构成的集合，表格中横向的多个单元格称为行，垂直的多个单元格称为列。行与列的交叉区域称为单元格，网页中的元素通常被放置在这些单元格中，以便精确地控制其显示位置。

（1）单元格：表格中容纳数据的基本单元，是构成表格的最小单位。

（2）行：表格中横向的一组单元格。

（3）列：表格中纵向的一组单元格。

（4）填充（边距）:内容与单元格边线之间的距离。

（5）间距：表格与单元格的距离。

（6）边框：外框线及单元格的分隔线。

表格的结构如图 8-12 所示。

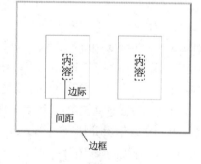

图 8-12　表格的结构

二、表格元素对应的 HTML 标签

（1）<Table></Table>：表格的开始和结束。

（2）<tr></tr>：表格的行。

（3）<td></td>：表格的单元格。

（4）<caption></caption>：表格的标题。

（5）<th></th>：表格的列名，也就是表格的第一行标签，一般可以用 <tr></tr> 代替。
表格的 HTML 代码如图 8-13 所示。

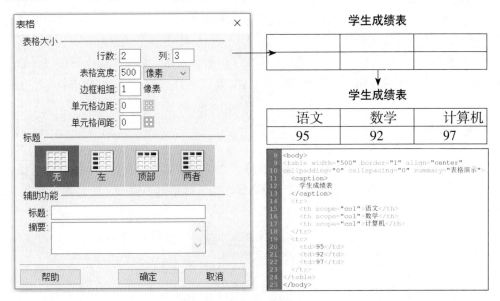

图 8-13　表格的 HTML 代码

三、表格的嵌套

一个表格的单元格中可以再插入一个表格，值得注意的是，嵌套表格的宽度受容纳它的单元格宽度的限制，也就是说所插入的表格宽度不会大于容纳它的单元格宽度。表格的嵌套一方面是为使页面的外观更为整齐美观，利用表格嵌套来编辑出复杂而精美的效果，另一方面是出于布局需要，用一些嵌套方式的表格来做精确的编排。表格的嵌套层数没有严格的限制，但建议表格的嵌套层数不要超过三层，表格嵌套层数过多会影响网页浏览速度。

四、排序表格

对表格中的数据进行排序：选中要排序的表格→选择"命令"菜单中的"排序表格"命令→在打开的"排序表格"对话框中进行设置，如图 8-14 所示→单击"确定"按钮。

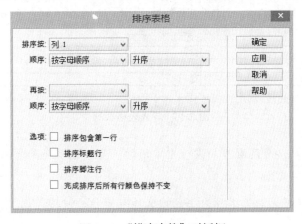

图 8-14　"排序表格"对话框

五、导入和导出表格式数据

1. 导入表格式数据

（1）在导入表格式数据前，先将表格式数据转换成文本格式（.txt），并且文件中的数据要带有分隔符，如逗号、分号等。

（2）选择插入点→选择"文件"菜单"导入"中的"表格式数据"命令→在打开的"导入表格式数据"对话框中选择前面准备好的文本文件，如图 8-15 所示→选择"定界符"为"逗点"→单击"确定"按钮。

2. 导出表格

（1）将光标放在表格中的任意单元格中。

（2）选择"文件"菜单"导出"中的"表格"命令→在"导出表格"对话框中选择"定界符"为"逗点"→单击"导出"按钮→在"表格导出为"对话框中输入文件名称→单击"保存"按钮。

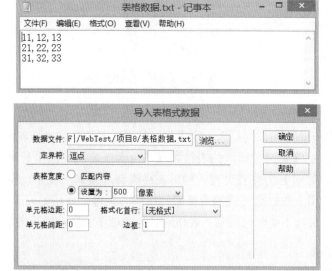

图 8-15　导入表格数据

💡提示:（1）表格是网页布局设计中常用的工具，合理布局表格可使网页便于管理和修改。

（2）表格中，各单元格及其所包含的内容均可单独进行格式化。

思考与练习

一、填空题

1. 表格的标签是_____，表格的行标签是_____，表格的单元格标签是_____。

2. 在表格的最后一个单元格中按下_____键会自动添加一行。

3. 除了利用表格，还可以通过使用_____和_____来进行网页布局。

二、选择题

1. 以下说法正确的是（   ）。
   A. 选择一个单元格可以对其进行拆分
   B. 选择一个单元格可以对其拆分成多行、多列
   C. 有内容的单元格也可以进行合并或拆分
   D. 对选取的连续的区域可以对其进行合并

2. 在 Dreamweaver 中，要选择光标所在的表格的行，可以单击的标签是（   ）。
   A. <td>   B. <table>   C. <body>   D. <tr>

3. 在 Dreamweaver 中，要选择整个表格，可以单击的标签是（   ）。
   A. <td>   B. <table>   C. <body>   D. <tr>

4. 以下说法正确的是（   ）。
   A. 表格可以嵌套   B. 不相邻的行或列也可以合并
   C. 一个单元格可以拆分成多行多列   D. 一个单元格只能拆分成多行

5. 以下（   ）元素可以插入到表格中。
   A. 文本   B. 图像   C. swf 动画   D. 音频或视频

6. 在合并单元格时，所选择的单元格必须是（   ）。
   A. 一个单元格
   B. 多个相邻单元格
   C. 多个不相邻的单元格
   D. 多个相邻的单元格，并且形状必须为矩形

7. 在 Dreamweaver 中，下面关于排版表格属性的说法正确的是（   ）。
   A. 可以设置宽度
   B. 可以设置高度
   C. 可以设置表格的背景颜色
   D. 可以设置单元格之间的距离，但不能设置单元格内部的内容和单元格边框之间的距离

三、简答题

1. 阅读以下代码回答问题。

```
<table width="500" height="300" border="1" cellspacing="3" cellpadding="2">
  <tr>
    <td> </td>
```

```
        <td> </td>
    </tr>
    <tr>
        <td> </td>
        <td> </td>
    </tr>
    <tr>
        <td> </td>
        <td> </td>
    </tr>
</table>
```

（1）这是一个几行几列的表格？

（2）表格的边框粗细、单元格边距和单元格间距分别是？

（3）表格的宽和高分别是多少？

2. 根据下面表格的 HTML 代码，画出表格。

```
<table width="500" border="1" cellspacing="0" cellpadding="0">
    <tr>
        <td colspan="2"> </td>
    </tr>
    <tr>
        <td rowspan="2"> </td>
        <td> </td>
    </tr>
    <tr>
        <td> </td>
    </tr>
</table>
```

3. 表格的主要作用是什么？

4. 使用表格进行布局页面时，应该遵循哪些原则？

四、实操练习

实训：使用表格布局"××学院"网站首页页面。

实训描述：

1. 在"WebTest\ 项目 8"文件夹中新建 8-3.html 文档，并实现图 8-16 所示的页面效果。

2. 在"页面属性"中设置文本大小为"9 pt"，所有页边距均为"0"，页面标题为"××学院网站"，页面背景颜色为"#00CCFF"。

3. 插入第 1 个表格为 2 行 1 列，"宽"为 900 像素，边距、间距和边框均为"0"，水平对齐方式为"居中对齐"，其中，第 1 行高为 100 像素，插入图像占位符第 2 个单元格的"宽"为 30 像素。

项目九

框架元素应用

学习目标

- ❑ 会插入框架。
- ❑ 会设置框架的属性。
- ❑ 会利用框架进行网页布局。

项目简介

框架可以把浏览器窗口下划分成若干个区域，即在一个浏览器中显示多个网页。通过框架元素可以方便地实现网页的导航功能，使网站结构清晰明了。本项目需要掌握插入框架元素的方法，会利用框架控制超链接的目标，会利用框架进行网页布局等操作。

本项目需要完成的任务：

任务一　框架导航应用。

任务二　浮动框架应用。

项目实施

任务一　框架导航应用

一、任务描述

本任务主要运用框架元素制作页面导航功能，实现当单击导航条上的超链接时，相应网页会在同一显示区域变换显示，任务要求如下。

（1）在"WebTest\ 项目 9\Frame"文件夹中创建"左对齐"框架集，框架集保存为 Frameset.html，左侧页面（leftFrame 左侧框架）保存为 left.html，右侧页面（mainFrame 主框架）保存为 main.html。

（2）当单击导航页中的超链接时（如"第一章""第二章""第三章"），在主框架 mainFrame 中显示链接网页信息，页面效果如图 9-1 ～图 9-3 所示。

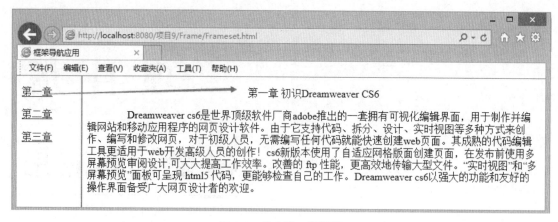

图 9-1　单击第一章链接

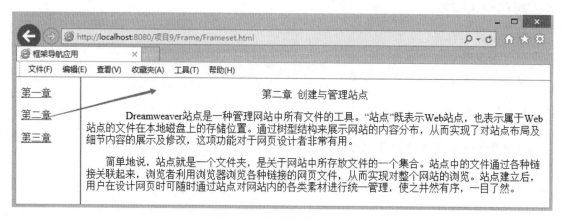

图 9-2　单击第二章链接

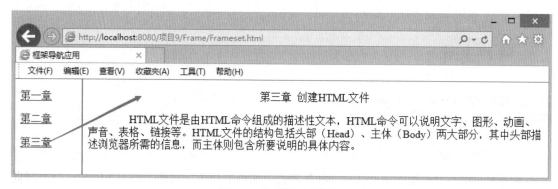

图 9-3　单击第三章链接

二、任务实施

1. 新建与保存框架

先新建一个空白文档→单击"插入"菜单→选择"HTML"→选择"框架""左对齐"命令→弹出"框架标签辅助功能属性"对话框，如图 9-4 所示（其中 mainFrame 为主框架，leftFrame 为左侧框架，可分别为框架文件设置标题名称，保持默认）→单击"确定"按钮→生成图 9-5 所示的左对齐框架集→保存框架及框架集。

（1）保存 leftFrame 左侧框架：选中 leftFrame 框架→选择"文件"中的"保存框架"命令→选择"WebTest\ 项目 9\Frame"文件夹，"文件名"中输入 left.html。

（2）保存 mainFrame 主框架：选中 mainFrame 框架→选择"文件"中的"保存框架"命令→选择"WebTest\ 项目 9\Frame"文件夹，"文件名"中输入 main.html。

（3）保存框架集：选中框架集（鼠标单击分割线）→选择"文件"中的"框架集另存为"命令→选择"WebTest\ 项目 9\Frame"文件夹，"文件名"中输入 Frameset.html。

框架与框架集代码如下所示：

```
<frameset cols="100,*" frameborder="yes" border="1" framespacing="1">
    <frame src="left.html" name="leftFrame" scrolling="no"
noresize="noresize" id="leftFrame" />
    <frame src="main.html" name="mainFrame" id="mainFrame" />
</frameset>
```

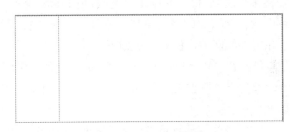

图 9-4　"框架标签辅助功能属性"对话框　　　　　图 9-5　左对齐框架集

2. 设置框架属性

单击左侧框架页右边框→如图 9-6 所示，在"属性"面板中，"边框"选择"是"，"边框宽度"输入 1，"列"值输入 100，单位选择"像素"。

图 9-6　框架集属性

3. 制作链接文档

在"WebTest\ 项目 9\Frame"目录中创建三个 HTML 文档，分别命名为"第一章 .html""第二章 .html""第三章 .html"。分别打开三个文档，按图 9-1 ～图 9-3 输入页面信息并保存。

4. 制作导航页

打开框架集 Frameset.html →将光标定位在左侧框架页 left.html 中，输入文本"第一章"→选中"第一章"文本，在"属性"面板"链接"中输入"第一章 .html"或单击"浏览文件"按钮，在"选择文件"对话框中选择"第一章 .html"，如图 9-7 所示，"目标"选择"mainFram"（超链接页面在主框架页 main.html 中显示）→按前面的步骤制作"第二章""第三章"超链接。

图 9-7　文本属性

5. 保存网页，按【F12】键在浏览器中浏览效果

> 💡 提示：页面文档参考"WebTest\ 项目 9\Frame"。

任务二　浮动框架应用

一、任务描述

通过对前一任务的学习，我们掌握了框架元素的相关知识与操作技能。浮动框架是一种比较特殊的框架，和 Frame 比较类似，但 Frame 必须放在 Frameset 中，而 Iframe 是一种内联框架，可以放在网页中的任何位置。本任务需要掌握浮动框架的属性及相关应用，以提高读者灵活应用框架的能力，任务要求如下。

（1）在"WebTest\ 项目 9\Iframe"文件夹中创建首页文件 index.html。

（2）当浏览首页文件 index.html 时，自动加载欢迎页面（first.html）的信息，页面效果如图 9-8 所示。

（3）当单击导航页中的超链接时（如第一章、第二章、第三章），在 index.htm 页面的右边显示链接网页信息。页面效果如图 9-9～图 9-11 所示。

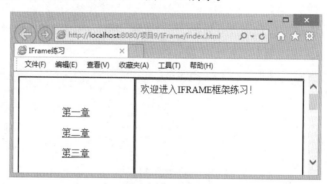

图 9-8　浏览首页时加载 first.html 页面

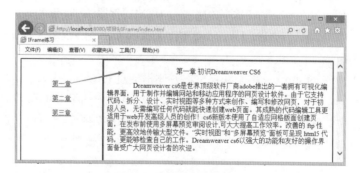

图 9-9　单击第一章链接

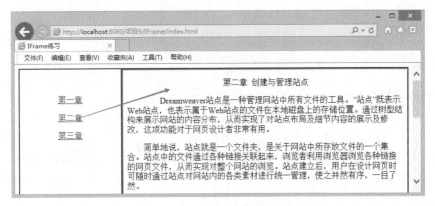

图 9-10 单击第二章链接

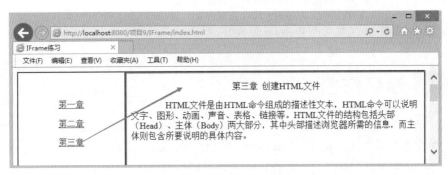

图 9-11 单击第三章链接

二、任务实施

1. 新建首页文档

新建 index.html 文档，并保存到"WebTest/ 项目 9/Iframe"文件夹中。

2. 制作链接文档

（1）在"WebTest\ 项目 9\Iframe"目录中新建 first.html 文档，并保存到"WebTest/ 项目 9/Iframe"文件夹中。

（2）复制"WebTest\ 项目 9\Frame"目录中的"第一章 .html""第二章 .html""第三章 .html"三个文档到"WebTest\ 项目 9\Iframe"目录中。

3. 应用表格进行首页布局

在 index.html 文档中插入一个一行二列的表格→选中表格→在"属性"面板"对齐"中选择"居中对齐"，"边框"中输入 1，"宽度"为 100% →把光标移到第一个单元格→在属性面板中"宽"输入 200，"高"输入 600，"垂直对齐"选择"顶端"，"水平对齐"选择"居中对齐"→把光标移到第二列→在"属性"面板中"垂直对齐"选择"顶端"。

4. 插入 IFrame 框架

把光标移到第二列→单击"插入"菜单→选择"HTML"→选择"框架"→单击"IFRAME"，在代码视图中会自动生成标签 <iframe></iframe>。

5. 设置 IFrame 框架属性

在代码视图中进行如下设置：

```
<iframe name="main" src="first.html" scrolling="auto" width="100%"
height="580px"></iframe>
```

> 提示：src="first.html" 为框架默认打开的网址或文件。

6. 制作超链接

（1）切换到设计视图→把光标移到表格的第一列中，输入"第一章"，按【Enter】键，输入"第二章"，按【Enter】键，再输入"第三章"。

（2）选中"第一章"→在"属性"面板"链接"中输入"第一章 .html"或单击"浏览文件"按钮，在"选择文件"对话框中选择"第一章 .html"→"目标"中输入"main"（这里与 iframer 的 name 要一致）→按前面的步骤制作"第二章""第三章"超链接。

7. 保存网页，按【F12】键在浏览器中浏览效果

> 提示：页面文档参考 "WebTest\ 项目 9\Iframe"。

知识拓展

框架是网页的一种组织形式，将相互关联的多个网页的内容组织在一个浏览器窗口中显示。在 HTML 中，使用框架标签 <frameset> 可以将一个窗口分割成若干个区域，每个区域可以分别显示不同的网页。框架结构的文件格式与一般的 HTML 文件类似，它本身并不包含浏览器中显示的 HTML 内容，只是向浏览器提供如何显示一组框架以及在这些框架中应显示哪些文档的有关信息。整个主文档使用 <frameset>...<frameset> 来容纳各个框架页面，每一个框架页面的位置、大小和初始页面文件名称在 <frame> 标签中进行定义。

1. 框架的组成

框架主要由两部分组成，即框架集（frameset）和框架（frame）。

框架集是在一个文档中定义一组框架结构的 HTML 网页，它定义了一组框架的布局和属性，包括框架数目、框架宽高和位置和初始载入到内部的网页。

框架是指在网页上定义的一个显示区域。

2. 框架集的基本格式

```
<Frameset>
<frame  src=" 要显示的网页面 " name=" 框架名称 ">
 ......
</Frameset>
```

3. 创建框架

单击"插入"菜单→选择"HTML"→选择"框架"中要采用的布局结构，如图 9-12 所示。

4. 框架集标签及属性

（1）框架集标签语法格式如下：

```
<FRAMESET 属性 = 属性值 >
......
</FRAMESET>
```

图 9-12　创建框架步骤

（2）框架集常用属性如表 9-1 所示。

表 9-1　框架集常用属性

属　　性	描　　述
rows	设置横向分割的框架数目
cols	设置纵向分割的框架数目
border	设置边框的宽度
bordercolor	设置边框的颜色
frameborder	设置有 / 无边框
framespacing	设置各窗口间的空白距离

5.　框架标签及属性

（1）框架标签的语法格式如下所示：

```
<FRAME src=" 文件名 " name=" 框架名 " 属性 = 属性值 noresize >
……
<FRAME src=" 文件名 " name=" 框架名 " 属性 = 属性值 noresize >
```

（2）框架常用属性如表 9-2 所示。

表 9-2　框架常用属性

属　　性	描　　述
src	设置该框架显示的源文件
name	设置框架的名称
bordercolor	设置边框的颜色

续表

属　性	描　述
frameborder	设置有 / 无边框
marginwidth	设置框架内容与左右边框的空白距离
marginheight	设置框架内容与上下边框的空白距离
scrolling	设置是否显示滚动条，yes 显示，no 不显示，auto 需要才显示
noresize	设置是否允许各窗口改变大小，默认允许

6. 内嵌式框架

内嵌式框架又称浮动框架（IFRAME），它可以在一个网页文档中嵌入另一个网页文档而无须使用框架结构。

（1）创建内嵌式框架：方法和前面创建框架的方法一样，在"框架"子菜单中选择"IFRAME"

（2）语法嵌式格式：<iframe></iframe>。

（3）内嵌式框架常用属性如表 9-3 所示。

表 9-3　内嵌式框架常用属性

属　性	描　述
src	设置内嵌式框架载入的目录文件
name	设置内嵌式框架的名称
scrolling	设置是否显示滚动条，yes 显示，no 不显示，auto 需要才显示
width	设置内嵌式框架的宽度
height	设置内嵌式框架高度
align	设置对齐方式
frameborder	设置内嵌式框架是否显示边框，1 显示，0 不显示
marginwidth	设置内嵌式框架横向边距
marginheight	设置内嵌式框架纵向边距

思考与练习

一、填空题

1. 定义框架集的标签是＿＿＿＿＿＿，定义框架的标签是＿＿＿＿＿＿。

2. 浮动框架的标签是＿＿＿＿＿＿。

3. 框架不是＿＿＿＿＿＿，框架是存放＿＿＿＿＿＿的容器，框架可以显示任意一个文档，框架集至少有＿＿＿＿＿＿个框架，框架最常见的用途就是＿＿＿＿＿＿。

4. 框架主要由两部分组成，即由＿＿＿＿＿＿和＿＿＿＿＿＿组成。

5. 设置框架显示的源文件的属性是＿＿＿＿＿＿，设置横向分割的框架数目是＿＿＿＿＿＿、设置纵向分割的框架数目是＿＿＿＿＿＿。

6. 一个包含两个框架的框架集实际上存在＿＿＿＿＿＿个文件。

二、选择题

1. 下列关于框架与表格的说法正确的有（　　　　）
   A. 框架对整个窗口进行划分　　　　B. 每个框架都有自己独立的网页文件
   C. 表格比框架更有用　　　　　　　D. 表格对页面区域进行划分

2. 在一个框架的属性面板中，可以设置（　　　　）属性。
   A. 源文件　　　　B. 边框颜色　　　　C. 边框宽度　　　　D. 是不显示边框

3. 在设置各分框架属性时，参数 Scroll 是用来设置（　　　　）。
   A. 是否进行颜色设置　　　　　　　B. 是否出现滚动条
   C. 是否设置边框宽度　　　　　　　D. 是否使用默认边框宽度

4. 框架主要用于（　　　　）。
   A. 在一个浏览器窗口中显示一个 HTML 文档内容
   B. 在一个浏览器窗口中显示多个 HTML 文档内容
   C. 只能显示 HTML 文档
   D. 只能显示静态网页

5. 框架技术主要通过（　　　　）两种元素来实现。
   A. 表格　　　　B. Ap Div　　　　C. 框架集　　　　D. 单个框架

6. 一个框架集文件最多可以包含（　　　　）嵌套框架。
   A. 1 个　　　　B. 3 个　　　　C. 4 个　　　　D. 多个

7. 以下属于框架的 HTML 标签的是（　　　　）。
   A. frameset　　　　B. frame　　　　C. iframe　　　　D. formes

8. 以下属于浮动框架的 HTML 标签的是（　　　　）。
   A. frameset　　　　B. frame　　　　C. iframe　　　　D. formes

9. 以下关于框架的描述中正确的是（　　　　）。
   A. 框架是设计网页时经常用到的一种布局技术
   B. 框架可将浏览器窗口随意地分成多个子窗口
   C. 框架各个文档之间可以毫无关联
   D. 子窗口可以有各自独立的背景、滚动条和标题等

10. 关于框架的应用，以下（　　　　）是可以进行嵌套使用的。
    A. Ap-Div　　　　B. 框架　　　　C. 表格　　　　D. 图片

11. 下面关于框架的说法正确的有（　　　　）。
    A. 可以对框架集设置边框宽度和边框颜色
    B. 框架大小设置完毕后不能再调整大小
    C. 可以设置框架集的边界宽度和边界高度
    D. 框架集始终没有边框

12. 框架集所不能确定的框架属性是（　　　　）。
    A. 框架的大小　　　B. 边框的宽度　　　C. 边框的颜色　　　D. 框架的个数

13. 框架所不能确定的框架属性是（　　　　）。
    A. 滚动条　　　　B. 边界宽度　　　　C. 边框颜色　　　　D. 框架大小

三、简答题

1. 如何删除不需要的框架？

2. 如何选取框架和框架集？

四、实操练习

实训：根据实训描述创建框架网页。

实训描述：

1. 创建一个"左侧及下方嵌套"的框架网页，各部分的框架名称分别为"leftFrame"、"mainframe"和"bottomFrame"。

2. 保存整个框架集文件为"lianxi.htm"，保存底部框架为"bottom1.htm"，保存右侧框架为"main1.htm"，保存左侧框架为"left1.htm"。

3. 设置最外层框架集属性。设置左侧框架的宽度为"150像素"，边框为"否"，边框宽度为"0"。设置右侧框架的宽度为"1"，单位为"相对"，边框为"否"，边框宽度为"0"。

4. 设置第2层框架集属性。设置右侧底部框架的高度为"45像素"，边框为"否"，边框宽度为"0"。设置右侧顶部框架的宽度为"1"，单位为"相对"，边框为"否"，边框宽度为"0"。

5. 设置左侧框架源文件为"left.htm"，滚动条根据需要自动出现。

6. 设置右侧框架源文件为"main.htm"，滚动条根据需要自动出现。

7. 设置底部框架源文件为"bottom.htm"，无滚动条。

8. 最后保存全部文件。

项目十
表单元素应用

学习目标

- ❑ 会插入各种表单元素。
- ❑ 会设置表单元素属性。
- ❑ 掌握各种表单元素的用法。

项目简介

本项目需要掌握表单元素的作用及使用方法，掌握运用表单元素制作交互式网页的技能。重点掌握文本域、单选按钮、下拉菜单、复选框、文本区域、按钮等元素的应用。

本项目需要完成的任务：

任务　制作用户注册页面。

项目实施

任务　制作用户注册页面

一、任务描述

本任务主要运用表单及表单域的功能制作用户注册交互页面，重点掌握表单及表单域元素的功能与作用。通过该任务的学习，为后面动态网页部分制作网上交互式栏目打下理论与操作基础，任务要求如下：

在"WebTest\项目10"文件夹中新建10-1.html文档，并实现图10-1所示的页面效果。

二、知识储备

表单是用来收集访问者信息或实现一些交互作用的网页，浏览者填写表单的方式是输入文本、选中单选按钮或复选框、从下拉菜单中选择选项等，最后提交信息。

表单在网页制作中担当重要角色，人机交互主要是通过表单来实现的。如用户注册、登录等，通过表单窗口实现了信息与程序之间的传递，信息经过程序处理，就实现了动态网页功能。常用的表单元素有：单行文本域、密码文本域、多行文本域、下拉列表域、单选按钮、复选按钮、隐藏域、提交按钮、重置按钮、普通按钮等。

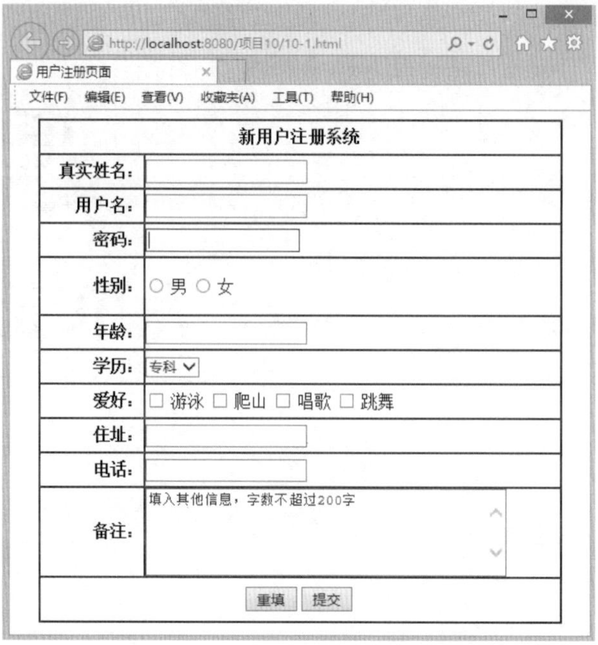

图 10-1　10-1.html 页面浏览效果图

表单是一种网页容器标签，可以插入普通网页标签，也可插入各种表单交互组件。表单标签为 <form></form>，表单元素都放在表单标签之内。表单元素介绍请参考"知识拓展"部分。

三、任务实施

1. 新建文档

新建 10-1.html 文档，并保存到"WebTest/ 项目 10"文件夹中。

2. 页面布局

在 10-1.html 文档的"设计"视图中，将光标定位到页面的第一行位置→插入一个 1 行 1 列的表格。设置表格属性为：宽 500 像素，边框、填充、间距均为 0，居中显示。

3. 插入表单

将光标定位到表格中→单击"插入"菜单→选择"表单"→点击"表单"，插入表单（在"设计"视图中，表格中会显示一红色虚线框）。

4. 表单中插入表格和表单元素

（1）光标定位到表单中→插入一个 12 行 2 列的表格，设置表格属性为：宽 100%，边框为 1、填充和间距均为 0。→把第一行两个单元格合并成一个单元格，高为 30 →光标定位在第一行，在"格式"菜单中选择"对齐"，单击"居中对齐"，并在单元格中输入"新用户注册系统"文本，文本加粗显示（选中文本，单击"属性"面板上的"粗体"按钮 **B**）。

（2）选中第 2 行第 1 列至第 11 行第 1 列→在单元格的属性面板中设置宽 100、高 30 →在"格式"菜单中选择"对齐方式"中的"右对齐"，分别按效果图样式录入"真实姓名"、"用户名"、……、"备注"，并设置文本显示为"粗体"。

（3）选中第 2 行第 2 列至第 11 行第 2 列→在"格式"菜单中选择"对齐方式"中的"左对齐"。

（4）将光标定位到第 2 行第 2 列（对应"真实姓名"）→单击"插入"菜单→选择"表单"

中的"文本域"命令→弹出"输入标签辅助功能属性"对话框，如图 10-2 所示→在"ID"文本框中输入"Name"，其他属性默认→单击"确定"按钮。

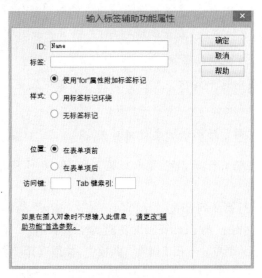

图 10-2　"输入标签辅助功能属性"对话框

（5）同理，在第 3 行第 2 列中插入"用户名"对应的"文本域"元素。

（6）在第 4 行第 2 列中插入"密码"对应的"文本域"元素，在"设计"界面，选中刚插入的"文本域"，在"属性"面板的"类型"中选择"密码"，如图 10-3 所示。

图 10-3　文本域"属性"面板

提示：文本域默认类型为单行，如选择密码类型，则输入信息以密文形式显示。

（7）将光标定位到第 5 行第 2 列（对应"性别"）→单击"插入"菜单→选择"表单"中的"单选按钮组"命令→弹出"单选按钮组"对话框，在标签中分别输入"男""女"，值对应为 1 和 2，如图 10-4 所示→"布局，使用"选择"换行符"单选按钮→单击"确定"按钮。

图 10-4　"单选按钮组"对话框

💡**提示：**（1）由于单选按钮布局选择为"换行符"，页面效果男和女在两行上，需求效果是在一行显示，打开"代码"视图，把两按钮代码间的换行符
 删除即可。

（2）"单选按钮"旁边的"+"表示新增一行，"一"表示删除当前行，通过移动上下小黑三角形，可对"标签"进行上下移动。

（3）在"设计"视图中选中按钮，可在"属性"面板中设置按钮的"初始状态"："已勾选"或"未勾选"。

（4）前面三点同样适用于后面讲的复选框。

（8）按（4）的步骤，在第 6 行第 2 列、第 9 行第 2 列、第 10 行第 2 列分别插入"年龄""住址""电话"对应的文本域。

（9）将光标定位到第 7 行第 2 列（对应"学历"）→单击"插入"菜单→选择"表单"→单击"文本域"→"列表/菜单"→弹出"输入标签辅助功能属性"对话框→单击"确定"按钮→在"设计"界面选中插入的"列表/菜单"→在"属性"面板中，类型选择"菜单"→单击"列表值"→在"列表值"对话框中录入学历信息，如图 10-5 所示→单击"确定"按钮。

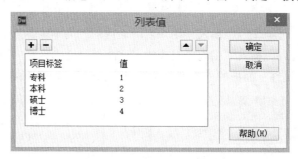

图 10-5 "列表值"对话框

（10）将光标定位到第 8 行第 2 列（对应"爱好"）→点击"插入"菜单→选择"表单"→点击"复选框组"→在"复选框组"对话框中录入如图 10-6 所示信息→单击"确定"按钮。

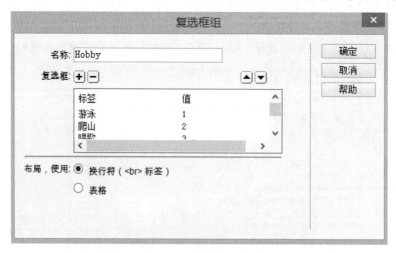

图 10-6 "复选框组"对话框

💡**提示：** 打开"代码"视图，把筛选框代码间的换行符
 删除即可。

（11）将光标定位到第 11 行第 2 列（对应"备注"）→单击"插入"菜单→选择"表单"→单击"文本区域"→ 弹出"输入标签辅助功能属性"对话框→在 ID 文本框中输入"BZ"→单击"确定"按钮→选中"文本区域"对象→在"属性"面板的"初始值"中输入"填入其他信息，字数不超过 200 字"，"字符宽度"为 40，行为 5。

（12）把第 12 行两个单元格合并成一个单元格→在"格式"菜单中选择"对齐"中的"居中对齐"，在"属性"面板中设置第 12 行单元格高为 40 →将光标定位到第 12 行→单击"插入"菜单→选择"表单"→单击"按钮"→ 弹出"输入标签辅助功能属性"对话框→在 ID 文本框中输入"Reset"→单击"确定"按钮→选中 Reset 按钮对象→在"属性"面板中，"值"输入"重填"，动作选择"重置表单"→把光标定位在 Reset 按钮后面，按前面的方法再插入一个按钮，ID 为"submit"，默认为"提交"。

5. 保存网页，按【F12】键在浏览器中浏览效果

💡**提示：**（1）页面文档参考"WebTest\ 项目 10\10-1.html"。

（2）表单一般用于动态网页设计中，在后面的项目中还会进一步讲解。

知识拓展

在网页中，表单主要负责数据采集的功能，是用户和服务器之间进行信息交互的重要手段。

一、表单的组成

一个表单有三个基本组成部分：表单标签、表单域、表单按钮。

（1）表单标签：<form></form>，表单元素都放在表单标签之内，表单标签的主要功能是申明表单，定义采集数据的范围，以及数据提交到服务器的方法。

（2）表单域：包含文本域、文本区域、复选框、单选按钮、列表 / 菜单、文件域、图像域、隐藏域等，表单域主要用于采集用户的输入或选择的数据。

（3）表单按钮：包括提交按钮、重置按钮和一般按钮。用于将数据提交或者取消输入。

二、表单详解

1. 表单标签

（1）HTML 代码：<FORM ACTION="URL" METHOD="GET|POST" ENCTYPE="MIME" TARGET="…">…</FORM>

（2）重要属性：

① action：指定提交表单后转到的页面。

② method：指定表单数据发送的方法。可选值为 get、post，其中，get 数据是通过 URL 传输，数据会显示在地址栏内，不安全；而 post 则是在 HTTP 请求中发送，数据是加密进行传输，安全保密性较好。

③ enctyp：指定表单数据在发送的服务器之前如何编码。需要注意的是，当含有上传域时要设置编码方式为 enctype="multipart/form-data"，否则后台无法获取浏览器发送的文件数

据。默认编码格式是 application/x-www-form-urlencoded，不能用于文件上传。只有使用了 multipart/form-data，form 里面 input 的值才以 2 进制的方式传输。

2. 文本域

让访问者自己输入内容的表单对象，通常被用来填写简短的信息，如姓名、地址等。

（1）文本域 HTML 代码：<input type="text" name="..." size="..." maxlength="..." value="..." />

（2）文本域样式：

（3）主要属性

① type="text"：定义为单行文本域。

② type="password"：定义为密码域。

③ name：定义文本框的名称，要保证数据的准确采集，必须定义唯一的名称。

④ size：定义文本框的宽度，单位是单个字符宽度。

⑤ maxlength：定义最多输入的字符数。

⑥ value：定义文本框的初始值。

3. 密码域

密码域是一种特殊的文本域，用于输入密码。用户输入的信息被星号或其他符号代替，从而达到隐藏信息的作用。

（1）密码域 HTML 代码：<input type="password" name="..." size="..." maxlength="..." />

（2）密码域样式：

（3）主要属性：

① type="password"：定义为密码框。

② 其他属性和文本域一样。

4. 隐藏域

隐藏域用来收集或发送信息的不可见元素，对于网页的访问者来说，隐藏域是看不见的。当表单被提交时，隐藏域就会将信息用你设置时定义的名称和值发送到服务器上。

（1）隐藏域 HTML 代码：<input type="hidden" name="..." value="...">

（2）主要属性：

① type="hidden"：定义为隐藏域。

② name：定义隐藏域的名称，同一页面中，名称具有唯一性。

③ value：定义隐藏域的值。

5. 文本区域

文本区域也称多行文本域，可让访问者输入较长内容的表单对象。

（1）文本区域 HTML 代码：<TEXTAREA name="..." cols="..." rows="..." wrap="VIRTUAL"></TEXTAREA>

（2）文本区域样式：

（3）主要属性：

① name 属性定义多行文本框的名称，要保证数据的准确采集，必须定义一个独一无二的名称。

② cols 属性定义多行文本框的宽度，单位是单个字符宽度。

③ rows 属性定义多行文本框的高度，单位是单个字符宽度。

④ wrap 属性定义输入内容大于文本域时显示的方式，可选值如下：

a．默认值是文本自动换行。当输入内容超过文本域的右边界时会自动转到下一行，而数据在被提交处理时自动换行的地方不会有换行符出现。

b．Off 用来避免文本换行，当输入的内容超过文本域右边界时，文本将向左滚动，必须用 Return 才能将插入点移到下一行。

c．Virtual：允许文本自动换行。当输入内容超过文本域的右边界时会自动转到下一行，而数据在被提交处理时自动换行的地方不会有换行符出现。

d．Physical：让文本换行，当数据被提交处理时换行符也将被一起提交处理。

6．单选按钮

多选项中选一时，需用单选按钮实现

（1）单选按钮代码：<input type="radio" name="..." value="..." />

（2）单选按钮样式：◉ 男 ○ 女

（3）主要属性：

① type="radio"：定义为单选按钮。

② name：定义单选按钮的名称，单选按钮都是以组为单位使用的，在同一组中的单选按钮都必须用同一个名称。

③ value 属性定义单选按钮的值，在同一组中，它们的域值必须是不同的。

7．复选框

多项选择时，需用复选框实现。

（1）复选框代码：<INPUT type="checkbox" name="..." value="...">

（2）复选框样式：☑ 唱歌 □ 跳舞 ☑ 足球

（3）主要属性：

① type="checkbox"：定义为复选框。

② name：定义复选框的名称，每个复选框都是一个单独的表单元素，为保证数据采集的准确，同一页面中名称是唯一的。如定义成复选模框组，则名称一样。建议使用复选框组。

③ value 属性定义复选框的值。

8．选择（列表／菜单）

"选择"包括"列表"和"菜单"两种类型，允许用户在一个有限的范围中选择选项。"菜单"一次只能选择一条信息，而"列表"通过"属性"面板的"选定范围"设置，可进行多选。

（1）代码：<select name="..." size="..." multiple>

```
<option value=="..." selected>...</option>
            ... ...
<option value=="..." selected>...</option>
 </select>
```

（2）样式：①菜单： ②列表：

（3）主要属性：

① size：定义列表行数。

② name：定义列表 / 菜单的名称。

③ multiple：定义是否可以多选，如果不设置本属性，那么只能单选。

④ value：定义选择项的值。

⑤ selected：表示默认已经选择本选项。

9. 文件域

用户通过文件域可上传文件。注意：表单标签中必须设置 ENCTYPE="multipart/form-data" 来确保文件被正确编码；另外，表单的传送方式必须设置成 POST。

（1）文件域代码：<input type="file" name="…" size="…" maxlength="…"/>

（2）文件域样式：　　　　　　　　　　　　　　浏览…

（3）主要属性：

① type="file"：定义文件上传框。

② name：定义文件域的名称，同一页面中，名称是唯一的。

③ size：定义文件域框的宽度，单位是单个字符宽度。

④ maxlength：定义最多输入的字符数。

10. 图像域

图像域是指可以用在提交按钮上的图片，使图片具有按钮的功能，从而实现网页丰富的色彩设计的需求。

（1）图像域代码：<input type="image" name="…" src="图片路径及名称" />

（2）主要属性：

① type="image"：定义为图像域。

② name：定义图像域的名称。

③ src：图像的路径和图像名。

11. 按钮

按钮分为两类：特别按钮（包括提交按钮和重置按钮：提交按钮将用户所填写的信息提交到服务器；重置按钮用来清空表单元素中的信息以便重新填写）和普通按钮。特别按钮只能用于表单才能发挥功能，而普通按钮可在表单外应用；特别按钮，不需另加动作，当按下按钮时就有动作发生，而普通按钮，必须加上指定的动作并由相应的事件来触发，否则按下普通按钮，什么也不会发生。

（1）按钮代码：<input type="submit" name="..." value="..." />

（2）按钮样式：　提交按钮　重置按钮　普通按钮　三种按钮可通过"属性"面板中的"动作"来设置，如图 10-7 所示。

图 10-7　按钮样式设置

（3）主要属性：

① type="submit"：定义提交按钮。

② type="reset"：定义复位按钮。

③ type="button"：定义一般按钮。

④ name 属性定义提交按钮的名称。

⑤ value 属性定义按钮的显示文字。

三种按钮在表单中的应用代码如下所示：

```
<form action="" method="post" enctype="multipart/form-data" name="form1"
id="form1">
<input type="submit" name="button1" id="button2" value="提交按钮" />
<input type="reset" name="button2" id="button3" value="重置按钮" />
<input type="button" name="button3" value="普通按钮" onclick="alert('你点
击的是普通按钮！')" /></form>
```

12. 跳转菜单

跳转菜单是指文档内的弹出菜单，对站点访问者可见，并列出了链接到文档或文件的选项。通过跳转菜单可以创建整个 Web 站点内文档的链接、其他 Web 站点上文档的链接、电子邮件链接、图形的链接，也可以创建可在浏览器中打开的任何文件类型的链接。跳转菜单广泛应用于友情链接，以实现占用较小空间实现更多链接。

应用实例代码如下所示：

```
<form action="" method="post" enctype="multipart/form-data" name="form1"
id="form1">
<select name="jumpMenu" id="jumpMenu" onchange="MM_jumpMenu('parent',this,0)">
    <option value="http://www.cqu.edu.cn/">重庆大学</option>
    <option value="http://www.scu.edu.cn/">四川大学</option>
  </select>
</form>
```

思考：上网收集整理表单标签及表单元素的其他属性。

思考与练习

一、填空题

1. 表单标签是_____，表单中数据向服务器发送的方法包括_____和_____。

2. 表单按钮通常分普通按钮、重置按钮和_____ 3 种。

3. 指定提交表单后转到的页面的属性是_____。

4. method 指定表单数据发送的方法有两种，即_____和_____。

5. 一个表单有三个基本组成部分：_____、_____和_____。

6. 文本域等表单对象都必须插入到_____中，浏览器才能正确处理其中的数据。

7. _____用于在表单中插入一幅图像，可以代替按钮的工作。

8. 用于上传文件的表单元素是_____。

二、选择题

1. 在单行文本域中，以下（   ）不可以在单行文本域中输入。

    A. 字母   B. 图片   C. 文本   D. 数字

2. 表单元素中，如果从一组选项中选择多个选项，则可使用（   ）来实现。

    A. 单选按钮   B. 列表   C. 复选框   D. 跳转菜单

3. 表单中有两种类型的菜单，分别是（   ）。

    A. 水平菜单   B. 跳转菜单   C. 列表菜单   D. 类型菜单

4. 制作交互页面时，下列关于表单的描述中，正确的是（   ）。

    A. 表单的作用是从访问表单所在网页的用户那里获得信息

    B. 访问者可以通过对表单中的文本域、列表框、复选框以及单选按钮之类的表单对象进行设置或输入信息

    C. 表单的对象有很多种类，包括文本域、文本区域、复选框、列表/菜单、图像域和按钮等

    D. 以上说法都正确

5. 表单对象中的文本域通常可分为（   ）。

    A. 单行文本域   B. 多行文本域   C. 密码域   D. 以上说法都错

6. 可以将信息传输给服务器，但本身不会显示的表单元素是（   ）。

    A. 单选按钮   B. 密码域   C. 隐藏域   D. 列表/菜单

7. 在表单对象中，（   ）在网页中一般不显现。

    A. 文本域   B. 图像域   C. 文件域   D. 隐藏域

三、简答题

1. 列举常用的表单对象。

2. 简要说明单选按钮和复选框在使用上有何不同。

项目十一

列表元素应用

学习目标

- ❏ 会使用无序列表。
- ❏ 会使用有序列表。

项目简介

本项目要求掌握列表元素的操作与应用，通过学习，需要掌握不同列表元素对应的元素标签，达到提高读者对文本元素的编辑排版能力，提升对文本信息的操作技巧的目的。

本项目需要完成的任务：

任务一 无序列表应用。

任务二 有序列表应用。

项目实施

任务一 无序列表应用

一、任务描述

本任务要求运用无序列表进行对文本元素编排控制，会插入无序列表元素，会设置 type 属性，会设置不同的项目符号。任务要求如下。

在"WebTest\项目 11"文件夹中新建 11-1.html 文档，并实现如图 11-1 所示的页面效果。

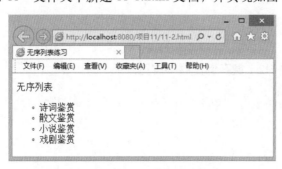

图 11-1 11-1.html 页面浏览效果图

二、知识储备

HTML 的列表元素是一个由列表标签封闭的结构，包含的列表项由 <li></li> 组成。无序列表结构中的列表项没有先后顺序的列表形式。大部分网页应用中的列表均采用无序列表，其列表标签采用 <ul></ul>。

1. 无序列表语法

```
<ul type="项目符号类型值">
    <li>第一项
    <li>第二项
        ...
    <li>第 n 项
</ul>
```

2. type 属性

无序列表默认的项目符号为圆点，也可通过 type 属性改变项目符号形状。

（1）disc：默认值，为实心圆。

（2）circle：为空心圆环。

（3）square：为正方形。

三、任务实施

1. 新建文档

新建 11-1.html 文档，并保存到"WebTest/ 项目 11"文件夹中。

2. 插入无序列表

在 11-1.html 文档的"设计"视图中，将光标定位到页面的第一行位置，输入"无序列表"文本并按【Enter】键→ 在"窗口"菜单中选中"插入"，打开"插入"面板→选择"文本"选项，如图 11-2 所示→单击"ul 项目列表"，在插入的"列表项"处输入第一行文字"诗词鉴赏"，→按【Enter】键自动生成"列表项"，输入第二行文字，依此类推，输入最后一行文字→切换到"代码视图"→设置 ul 标签的 type 属性为"circle"。

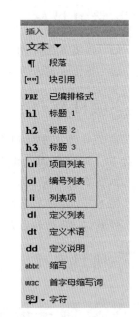

图 11-2　插入面板文本选项

切换到"代码"视图查看生成的 HTML 代码如下：

```
<p>无序列表 </p>
<ul type="circle">
    <li>诗词鉴赏
    <li>散文鉴赏
    <li>小说鉴赏
    <li>戏剧鉴赏
</ul>
```

3. 保存网页，按【F12】键在浏览器中浏览效果

💡 **提示**：页面文档参考"WebTest / 项目 11/11-1.html"。

任务二 有序列表应用

一、任务描述

该任务要求运用有序列表对文本元素进行编排控制，会插入有序列表元素，会设置 type 属性，会设置不同的编号。任务要求如下。

在"WebTest\ 项目 11"文件夹中新建 11-2.html 文档，并实现图 11-3 所示的页面效果。

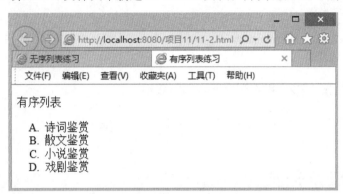

图 11-3 11-2.html 页面浏览效果图

二、知识储备

有序列表结构中的列表项是有先后顺序的列表形式，从上到下可以有各种不同的序列编号，ol 是 ordered list（有序列表）的缩写。<ol> 与无序列表标签 <ul> 相对。列表项仍由 <li></li> 标签记述。

1. 有序列表语法

```
<ol type=" 编号类型值 ">
    <li> 第一项
    <li> 第二项
     …
    <li> 第 n 项
</ol>
```

2. type 属性

有序列表默认的编号为数字有序列表（1、2、3），也可通过 type 属性改变编号类型。

（1）1：默认值，数字有序列表，如 1、2、3、4。

（2）a：按小写字母顺序排列的有序列表，如 a、b、c、d。

（3）A：按大字母顺序排列的有序列表，如 A、B、C、D。

（4）i：小写罗马字母，如 i、ii、iii、iv。

（5）I：大写罗马字母，如 I、II、III、IV。

三、任务实施

1. 新建文档

新建 11-2.html 文档，并保存到"WebTest/ 项目 11"文件夹中。

2. 插入有序列表

在 11-2.html 文档的"设计"视图中，将光标定位到页面第一行，输入"有序列表"文本并按【Enter】键→ 在"窗口"菜单中选中"插入",打开"插入"面板→选择"文本"选项,如图 11-2 所示→单击"ol 编号列表",在插入的"列表项"处输入第一行文字"诗词鉴赏",→按【Enter】键自动生成"列表项",输入第二行文字,依此类推,输入最后一行文字→切换到"代码视图"→设置 ol 标签的 type 属性为"A"。

切换到"代码"视图查看生成的 HTML 代码如下所示:

```
<p>有序列表 </p>
<ol type="A">
    <li>诗词鉴赏
    <li>散文鉴赏
    <li>小说鉴赏
    <li>戏剧鉴赏
</ol>
```

3. 保存网页,按【F12】键在浏览器中浏览效果

> 提示:页面文档参考"WebTest / 项目 11/11-2.html"。

知识拓展

网页中,主要使用的是无序列表和有序列表,在 Dreamweaver 中还有定义列表、目录列表、菜单列表等类型。

1. 定义列表

定义列表由一组词语和响应的定义组成,浏览器通常将定义列表中的词语居左显示,而将相应的定义按照段落风格进行缩进显示。

定义列表元素 dl 由一系列词语元素 dt 和定义元素 dd 组成,通常 dt 和 dd 是成对出现的,也可以将多个 dt 元素与一个 dd 元素相匹配,但不能包含多个连续的 dd 元素。

(1)定义列表语法:

```
<dl>
<dt>
<dd>
...
<dt>
<dd>
</dl>
```

(2)定义列表举例。定义列表页面代码如图 11-4 所示。

```
8   <body>
9   ******定义列表*****
10  <dl>
11  <dt>中国
12  <dd>中国是世界四大文明古国之一,有着悠久的历史。
13  <dt>美国
14  <dd>美利坚合众国(United States of America),简称美国。
15  <dt>俄罗斯
16  <dd>俄罗斯地跨欧亚两大洲,是世界上最大的国家。
17  </dl>
18  </body>
```

图 11-4 定义列表页面 HTML 代码

上述代码在浏览器中显示效果如图 11-5 所示

图 11-5　定义列表页面浏览效果图

💡**提示：** 页面文档参考 "WebTest / 项目 11/11-3.html。

2. 目录列表

如果要表示数量较多的一系列短条目（每个不超过 20 个字符），可使用 DIR 元素。浏览器通常以多列目录方式显示这些条目，其宽度不超过 24 个字符。DIR 元素的内容由一组列表项元素 LI 组成。

（1）目录列表语法：

```
<DIR>
  <LI>
    …
  <LI>
</DIR>
```

（2）目录列表举例。目录列表页面代码如图 11-6 所示。

```
8   <body>
9   ******目录列表******
10  <DIR>
11    <LI>第一章　初识Dreamweaver
12    <LI>第二章　创建与管理站点
13    <LI>第三章　认识HTML文档
14    <LI>第四章　文本元素应用
15    <LI>第五章　图像元素应用
16    <LI>第六章　多媒体元素应用
17    <LI>第七章　超链接元素应用
18  </DIR>
19  </body>
```

图 11-6　目录列表页面 HTML 代码

上述代码在浏览器中显示效果如图 11-7 所示

💡**提示：** 页面文档参考 "WebTest / 项目 11/11-4.html。

图 11-7　目录列表页面浏览效果图

3.　菜单列表

菜单列表元素 MENU 用来显示一组列表项，每行一项。MENU 元素的内容也是一系列列表项元素 LI。

（1）菜单列表语法：

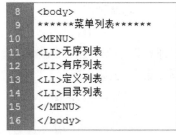

图 11-8　菜单列表页面 HTML 代码

```
<MENU>
<LI>
…
<LI>
</MENU>
```

（2）菜单列表举例。菜单列表页面代码如图 11-8 所示。

上述代码在浏览器中显示效果如图 11-9 所示。

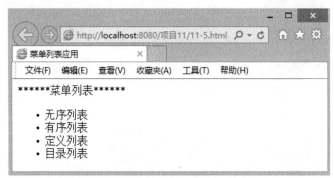

图 11-9　菜单列表页面浏览效果图

💡 提示：页面文档参考"WebTest／项目 11/11-5.html。

思考与练习

一、填空题

1．无序列表标签是＿＿＿＿＿；有序列表标签是＿＿＿＿＿；列表项标签是＿＿＿＿＿。

2．自定义列表以＿＿＿＿＿标签开始；每个自定义列表项以＿＿＿＿＿开始；每个自定义列表项的定义以_____开始。

3. 目录列表以_____标签开始；每个目录列表项以_____开始。

4. 无序列表默认的项目符号为_____；有序列表默认的编号为_____。

5. 无序列表，有序列的编号有_____，_____，_____，_____，_____。

二、选择题

1. 下列（　　）可以实现如下所示效果。

i.dreamweaver

ii.fireworks

iii.flash

    A. ol {list-style-tpye: lower-roman}　　　　B. ul {list-style-tpye: lower-roman}

    C. ol {list-style-tpye: upper-roman}　　　　D. ul {list-style-tpye: upper-roman}

2. Dreamweaver 提供的编号列表的样式不包括（　　　）。

    A. 数字　　　　　　B. 中文数字　　　　C. 罗马数字　　　　D. 字母

3. 下列（　　　）是无序列的项目符号。

    A. 实心圆　　　　　B. 空心圆环　　　　C. 正方形　　　　　D. 长方形

三、简答题

1. 列表的类型有哪些？

2. 简述以下各列表标签的作用：

ol、ul、li、dl、dt、dd

四、实操练习

实训 1：有序列表应用。

实训描述：运用有序列表的 type 属性，改变编号类型，实现图 11-10 所示的页面效果。

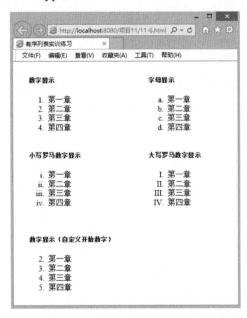

图 11-10　实例 1 页面浏览效果图

实训 2：无序列表应用。

实训描述：运用无序列表 type 属性，改变项目符号类型，实现图 11-11 所示的页面效果。

图 11-11　实例 2 页面浏览效果图

项目十二

网页元素综合应用

学习目标

- ❑ 会使用表格进行页面布局。
- ❑ 会使用框架元素。
- ❑ 会使用表单元素。
- ❑ 会插入背景音乐。
- ❑ 会插入 Flash 动画。
- ❑ 会插入图像。
- ❑ 会使用超链接。
- ❑ 会使用文本元素。
- ❑ 会页面排版。

项目简介

通过前面各项目的学习，我们掌握了主要的网页元素的操作与使用。本项目需要灵活运用各网页元素，设计制作一个比较完整的静态网页。

本项目需要完成的任务：

任务　制作文学欣赏网站

项目实施

任务　制作文学欣赏网站

一、任务描述

该任务要求运用表格元素对整个页面进行布局设计，灵活运用各种网页元素进行合理搭配，制作出一个图文并茂，有声有色、页面和谐的完整的静态网站。任务要求如下。

（1）规划站点结构：在网站文件夹中按文件类别创建子文件夹，形成条理清晰的文件结构。将所有文件存放在"WebTest / 项目 12"文件夹中。

（2）素材准备：将图像存放到 WebTest / 项目 12/images 文件夹中。

（3）页面布局：按照效果图，灵活应用表格进行页面布局。

（4）应用内嵌式框架 <iframe></iframe> 实现在同一页面浏览不同链接信息。

（5）自己下载一首喜欢的歌曲，为网站首页配置背景音乐。

（6）实现如下所有的网页效果。

① 首页。首页（index.html）页面浏览效果如图 12-1 所示。

图 12-1　index.html 页面浏览效果图

💡 **提示：** 打开 index.html 时，内嵌式框架 <iframe></iframe> 默认显示为 first.html 内容，代码如下所示。

```
<iframe name="main" width="100%" height="256" scrolling="auto" src="first.
html"></iframe>
```

② 登录页面（login.html）。单击首页上导航栏中的"登录"按钮，在框架中显示"用户登录"信息，登录页面为 login.html，浏览效果如图 12-2 所示。

图 12-2　登录页面浏览效果图

提示：值得注意的是，为达到在内嵌式框架中显示超链接页面信息，超链接目标不能在"属性"面板"目标"中选择已有的项，而需要在"目标"框内直接输入内嵌式框架 name 属性的值，如图 12-3 所示。以下各超链接的目标设置均为内嵌式框架 name 属性值"main"。

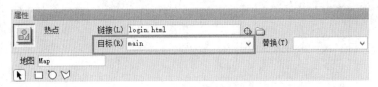

图 12-3　设置链接属性

③ 注册页面（Registe.html）。单击首页上导航栏中的"注册"按钮，在框架中显示"新用户注册系统"信息，注册页面为 Registe.html，浏览效果如图 12-4 所示。

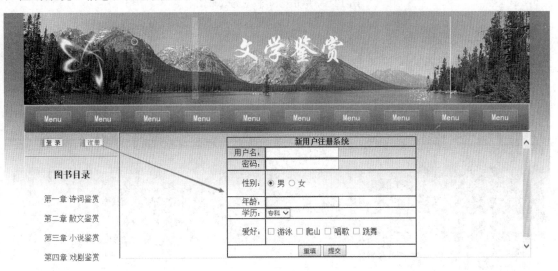

图 12-4　注册页面浏览效果图

提示：同学们可充分应用表单元素来丰富注册信息，而不仅仅限于效果图，由于是静态页面，此处不用考虑数据处理，表单数据处理将在后面的项目进行讲解。

④ 第一章 诗词鉴赏（ShiCi.html）。单击首页上导航栏中"第一章 诗词鉴赏"超链接时，在框架中显示相关链接文档页面信息，链接文件为 ShiCi.html，浏览效果如图 12-5 所示。

图 12-5　单击第一章浏览效果图

⑤ 第二章 散文鉴赏（SanWen.html）。单击首页上导航栏中"第二章 散文鉴赏"超链接时，在框架中显示相关链接文档页面信息，链接文件为 SanWen.html，浏览效果如图 12-6 所示。

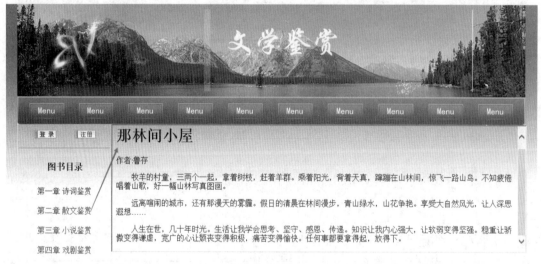

图 12-6　单击第二章浏览效果图

⑥ 第三章 小说鉴赏（XiaoShuo.html）。单击首页上导航栏中"第三章 小说鉴赏"超链接时，在框架中显示相关链接文档页面信息，链接文件为 XiaoShuo.html，浏览效果如图 12-7 所示。

图 12-7　单击第三章浏览效果图

⑦ 第四章 戏剧鉴赏（XiJu.html）。单击首页上导航栏中"第四章 戏剧鉴赏"超链接时，在框架中显示相关链接文档页面信息，链接文件为 XiJu.html，浏览效果如图 12-8 所示。

图 12-8　单击第四章浏览效果图

二、知识储备

网页是构成网站的基本元素，网页是一个文件，在浏览因特网时，看到的每一个页面，都称为网页，由若干网页组成一个网站。

进入一个网站的第一个网页称为主页或首页。网站主页是一个网站的入口，好比一本书的目录，通过单击主页上的超链接，可以浏览网站中其他的网页。一般主页取名为 index 或

default（不是强制要求）。因此，一个网站的首页一般为 index.* 或 default.*。

三、任务实施

1. 制作首页（index. html）

（1）新建网站首页 index.html 文档，并保存到"WebTest/ 项目 12"文件夹中。

（2）添加背景图像。在"属性"面板中单击"页面属性"→在打开的"页面属性"对话框的"外观"选择中设置"背景图像"，浏览选择图像"WebTest/ 项目 12/images/ bg.jpg"。

（3）插入第一层表格。单击"插入"菜单→选择"表格"命令→ 在弹出的对话框中，设置行为 4，列为 1，表格宽度为 1000 像素，边框粗细、单元格边框、单元格间距均为 0 →单击"确定"按钮→选中表格→"属性"面板中"对齐"选择"居中对齐"。

> 提示：第一行放页面头部部分（放 Logo 和 Flash 动画），第二行放菜单，第三行放正文部分（左侧导航与右边显示）；第四行放页脚。

（4）设计页面头部。

① 设置第一行单元格背景图像。将光标定位在表格的第一行中→"属性"面板中设置高度为 190 →切换到"代码"视图，将光标定位到第一行单元格标签内，设置单元格背景图像属性 background，值为 images/top.jpg（代码：<td height="190" scope="col" background="images/top.jpg">）

② 设置第一行单元格 Flash 动画。切换到"设计"视图,并将光标定位到第一行中→单击"插入"菜单→选择"媒体"→单击"SWF"→选择 Flash 动画文件"WebTest/ 项目 12/images/1.swf"→单击"确定"按钮→在"属性"面板中调整 Flash 动画显示的"宽"和"高"，并设置"Wmode"属性为"透明"。

（5）设置菜单行。把光标定位在表格的第二行中→插入左侧菜单图片"WebTest/ 项目 12/images/ menu1.jpg"，再插入中间菜单图片"WebTest/ 项目 12/images/ menu2.jpg"（重复插入 9 次），最后插入右侧菜单图片"WebTest/ 项目 12/images/ menu3.jpg"

> 提示：为简化操作，此处菜单用图像代替。

（6）设计正文部分。

① 将光标定位在表格的第三行中→在第三行单元格中插入一个 1 行 2 列的表格（第二层表格），表格"宽"为 100%，"边框粗细"、"单元格边框"和"单元格间距"均为 0 →将光标定位在第二层表格的第一列中，在"属性"面板中设置"宽"为 200，"垂直"选择"顶端"，再插入一个 8 行 3 列的表格（第三层表格，插入 3 列是为了在左右两边添加背景图像以美化页面）。

② 选定第三层表格的第一列所有单元格,右击,在弹出的快捷菜单中选择"表格"中的"合并单元格"命令，在"属性"面板中设置"宽"为 1，切换到代码视图，设置第三层表格的第一列单元格的背景图像属性 background，值为"images/bg2.jpg"，（代如为：<td width="1" rowspan="9" background="images/bg2.jpg"></td>）（注意删除这一列单元格中的   符号）。

③ 选定第三层表格的第三列所有单元格，右击，在弹出的快捷菜单中选择"表格"中

的"合并单元格"命令,在"属性"面板中设置"宽"为1,切换到代码视图,设置第三层表格的第一列单元格的背景图像属性 background,值为"images/images/bg2.jpg",(代如为:<td width="1" rowspan="9" background="images/bg2.jpg"></td>)(注意删除这一列单元格中的 符号)。

④ 选定第三层表格的第二列所有单元格,在"属性"面板中设置"高"为40(注第二列第二个单元格高为10)→单击"格式"菜单,选择"对齐"为"居中对齐"→在第三层表格的第二列各单元格中依次输入首页效果图所示信息(第一个单元格为插入图像"WebTest/ 项目 12/images/RegisterAndLogin.gif,并在图像后面一个单元格中插入一条"宽"为98%,居中显示的水平线,代码如下所示:<hr align="center" width="98%" />)

⑤ 将光标定位在第二层表格的第二列单元格中→在"属性"面板中,"垂直"选择"顶端"→单击"插入"菜单,选择"HTML"中的"框架",点击"IFRAME",此时在单元格中插入一个浮动框架→选中框架并切换到"代码"视图,设置框架属性,代如下:

```
<iframe name="main" width="100%" height="256" scrolling="auto" src="first.html"></iframe>
```

> **提示**:src="first.html",表示浏览首页时,框架中显示的文档的 URL。

⑥ 新建 first.html 文档,保存到"WebTest/ 项目 12"文件夹中,并按首页默认浏览时显示的信息输入文本信息。

(7)设置页脚。

将光标定位在第一层表格的第四行中→在"属性"面板中设置"高"为50→单击"格式"菜单,选择"对齐"为"居中对齐"→输入文本信息"版权所有 © 文学爱好者",此时首页制作完成。

2. 制作登录页面(login.html)

(1)新建 login.html 文档,并保存到"WebTest/ 项目 12"文件夹中。

(2)将光标定位到页面的第一行位置,插入一个 1 行 1 列的表格,表格宽度为 300 像素,边框粗细、单元格边框、单元格间距均为 0,表格居中显示。

(3)将光标定位在表格中→插入一个表单→将光标定位在表单中→插入一个 4 行 2 列的表格,表格宽度为 300 像素,边框粗细、单元格边框、单元格间距均为 0,表格居中显示→合并第一行单元格,设置"高"为 40,格式设置为"居中对齐",输入文本"用户登录"→选中第一列中的第二、三单元格,设置"高"为 40,"宽"为 80,文本格式设置为"居中对齐",分别输入文本"用户名:"和"密 码:"→将光标定位在第二列中的第二个单元格中,插入"文本域"(单行)→将光标定位在第二列中的第三个单元格中,插入"文本域"(密码)→合并第四行单元格,设置"高"为 40,格式设置为"居中对齐",插入"按钮"(提交表单),插入"按钮"(重置表单),此时登录页面制作完成。

> **提示**:当文本域类型为"密码"时,默认情况下,密码文本域的长度和普通文本域的长度不一致,为保障浏览效果美观,可设置文本域 style 属性来统一长度,代码如下:
> 用户名文本域:<input type="text" name="UserName" id="UserName" style="width:200px"/>
> 密码文本域:<input type="password" name="PWD" id="PWD" style="width:200px"/>

3. 制作注册页面（Registe．html）

操作步骤（略），请读者参照"项目十 表单元素应用"中的"任务— 制作用户注册页面"。

4. 制作链接页面

新建 ShiCi.html、SanWen.html、XiaoShuo.html、XiJu.html 文档，分别对应"第一章 诗歌鉴赏"、"第二章 散文鉴赏"、"第三章 小说鉴赏"和"第四章 戏剧鉴赏"页面。按各链接页面效果图输入文本信息（注意文本排版和字体格式）。

操作步骤（略）。

5. 制作首页超链接

（1）由于注册和登录是一张图像，因此在图像上创建"热点"分别链接到 login.html 和 Registe.html 文件

（2）分别制作每一章的超链接。

💡**提示**：值得注意的是，为达到在内嵌式框架中显示超链接页面信息，超链接目标不能在属性面板"目标"中选择已有的项，而需要在"目标"框内直接输入内框架 name 属性的值，即"main"，如图 12-9 所示。

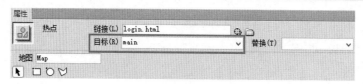

图 12-9　设置链接属性

此时，所有页面制作完成。

6. 保存所有网页，激活首页（index．html），按【F12】键在浏览器中浏览效果

💡**提示**：页面文档参考"WebTest／项目 12/index.html"。

思考与练习

简答题

概述网络制作的基本流程。

项目十三

CSS 样式表应用

✐ 学习目标

❑ 了解 CSS 样式的概念。
❑ 理解 CSS 样式的定义。
❑ 会编辑 CSS 样式。
❑ 会应用 CSS 样式。
❑ 掌握 CSS 样式的属性。

🖥 项目简介

CSS 是能实现网页表现与内容分离的一种样式设计语言。相对于传统 HTML 的表现而言，CSS 能够对网页中对象的位置进行像素级的精确控制。用 CSS 进行网页布局更简易，可读性好，弥补了表格网页布局代码臃肿的弊病。通过本项目的学习，需要掌握样式的编写和使用，学会利用 CSS 布局网页的技巧。

本项目需要完成的任务：

任务一 行内样式应用。

任务二 内部样式应用。

任务三 外部样式应用。

🌐 项目实施

任务一 行内样式应用

一、任务描述

本任务需要掌握行内样式的创建与使用，了解行内样式的作用域，通过学习，提高读者对网页对象的操作与控制技巧，任务要求如下。

（1）在"WebTest\项目 13"文件夹中新建 13-1.html 文档，并实现如图 13-1 所示的页面效果。

（2）网页设计要求。

① 要求题目"沁园春·雪"格式用"标题 1"即 <h1>，在 <h1> 中嵌入样式：字体颜色为

蓝色、字体为华文行楷。

　　② 要求在"朝代：现代　　作者：毛泽东"段落标签 <p> 中嵌入样式：字体颜色为红色，字号为 12pt、字体为华文楷体。

　　③ 要求设置正文部分即第三段的嵌入样式：行距为 1.5 倍、字号为 15 pt、字体为华文新魏。

图 13-1　13-1.html 页面浏览效果图

二、知识储备

CSS 样式是通过对选择器进行设定，用来实现对网页中各元素的控制。

1. CSS 的语法格式

CSS 规则由两个主要的部分构成：选择器和声明块。语法格式如下：

selector{ propertyl：value 1；property 2：value 2；……property n：value n}

- selector（选择器）：表示需要改变样式的 HTML 元素。
- property（属性）：表示由 CSS 标准定义的样式属性。
- value（值）：表示样式属性的值。

　　下面关于"body"的样式中，body 是选择器，background-color 和 background-image 是属性，它们分别对应的值为 #F00 和 url(image/bottom.png)。

```
body {
    background-color: #F00;
    background-image: url(image/bottom.png);
}
```

2. 创建 CSS

　　熟悉 CSS 语法的用户可以直接在文件中编写，对于初学者来说，一般通过单击"属性"面板上" CSS"选项中的"编辑规则"按钮，在打开的"新建 CSS 规则"对话框中进行设置。操作如图 13-2 所示。

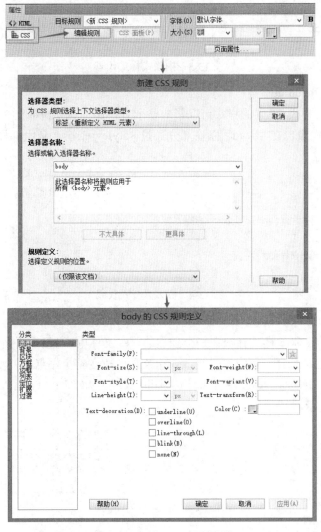

图 13-2　新建 CSS 规则向导

3. 编辑样式

对于创建好的样式，在需要时，可对样式进行编辑以实现新的需求。

操作步骤：在"属性"面板上单击"CSS"选项中的"CSS 面板"按钮→在窗口右边会打开"CSS 样式"面板→选择"全部"选择卡→选择需要修改的样式名→单击"CSS 样式"面板下方的"编辑样式"图标→打开"CSS 规则定义"对话框→在对话框中根据需求重新进行样式设置。

4. 使用样式

网页中使用 CSS 样式有三种方法。

1）内联式（Inline）

内联式也称行内样式，写在标签内的样式，只影响该标签内的元素。使用内联样式的方法是在相关的标签中使用样式属性。样式属性可以包含任何 CSS 属性，如设置段落 <p> 标签样式，要求 2 倍行距、红色字体，样式代码如图 13-3 所示。

```
13   <body>
14   <p style="line-height:200%; color:#F00"> 设置2倍行高，红色字体</p>
15   </body>
```

图 13-3　内联式样式代码

2）嵌入式（Embedding）

嵌入式也称内页样式，设置的样式可以影响整个 HTML 页面。当单个文件需要特别样式时，就可以使用内部样式表。在 <head> 标签部分通过 <style> 标签定义内部样式表。样式代码如图 13-4 中矩形所示。

```
4    <head>
5    <meta http-equiv="Content-Type" content="text/html; charset=utf-8" />
6    <style type="text/css">
7    body {background-color: red}
8    TD {FONT-SIZE: 9pt}
9    </style>
10   <title>内部样式表</title>
11   </head>
```

图 13-4　嵌入式样式代码

3）外联式（Linking）

也称外部样式，将 CSS 样式存放在一个独立的 .css 文件中，当很多页面都需要使用的样式，外部样式表将是理想的选择，可以通过更改一个文件来改变整个站点的外观。如在网页同一目录中有一 CSS 样式文件 style.css，则代码为：<link rel="stylesheet" type="text/css" href="style.css">，如图 13-5 所示。

```
4    <head>
5    <meta http-equiv="Content-Type" content="text/html; charset=utf-8" />
6    <link rel="stylesheet" type="text/css" href="style.css">
7    <title>外部样式表</title>
8    </head>
```

图 13-5　外联式样式代码

提示：同一页面使用了多种样式表，它们被引用的优先级为：内联式 ＞嵌入式 ＞外联式。

三、任务实施

1. 新建文档

新建 13-1.html 文档，并保存到"WebTest/ 项目 13"文件夹中。

2. 录入文本信息

在 13-1.html 文档的"设计"视图中，将光标定位到页面的第一行位置→按页面效果图录入文本信息，"设计"视图信息如图 13-6 所示，"代码"视图代码如图 13-7 所示。

提示：按照图 13-4 代码视图编写，注意文本的分段与分行。

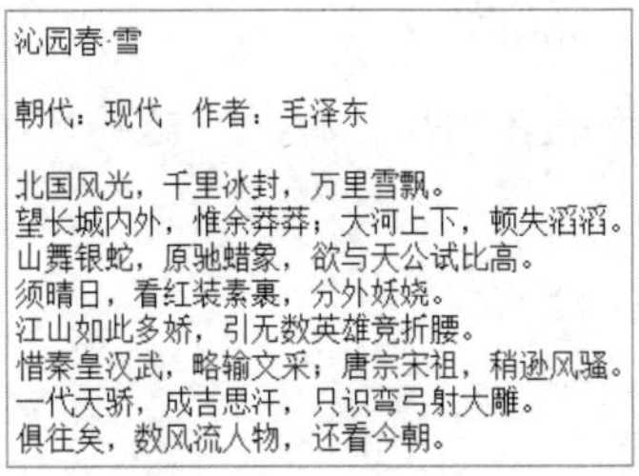

图 13-6　设计视图效果 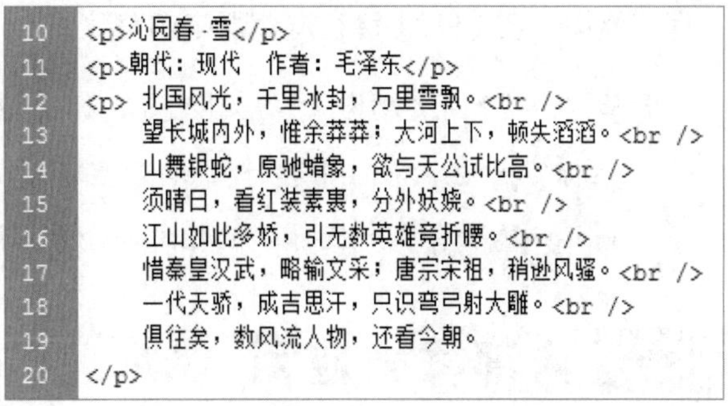　　　　　　　　　图 13-7　代码视图

3. 设置题目"沁园春·雪"的样式

（1）选中"沁园春·雪"，在"属性"面板中单击"HTML"按钮，在"模式"中选择"标题 1"。

（2）切换到代码视图，在生成的 <h1> 标签中单击【Space】键，在显示的属性中选择"style"，在等号后的双引号中录入 color，值为 #00F（蓝色），font-family 值为华文行楷，代码如下：

```
<h1 style="color:#00F; font-family:'华文行楷'">沁园春·雪</h1>
```

4. 设置"朝代：现代　作者：毛泽东"的样式

在"朝代：现代　作者：毛泽东"文字的 <p> 标签中单击【Space】键，在显示的属性中选择"style"，在等号后的双引号中录入 color，值为 :#F00（红色），font-size 值为 12 pt，font-family 值为华文楷体，代码如下：

```
<p style="color:#F00; font-size:12pt; font-family:'华文楷体'">朝代：现代 作者：毛泽东</p>
```

5. 设置正文部分样式

在正文所在的 <p> 标签中单击【Space】键，在显示的属性中选择"style"，在等号后的双引号中录入 line-height，值为 150%；font-size 值为 15 pt；font-family 值为华文新魏，代码如下：

```
<p style="line-height:150%; font-size:15pt; font-family:'华文新魏'">
```

到此，页面制作完成，"词"部分生成的代码如下：

```
<h1 style="color:#00F; font-family:'华文行楷'">沁园春·雪</h1>
<p style="color:#F00; font-size:12pt; font-family:'华文楷体'">朝代：现代 作者：毛泽东</p>
<p style="line-height:150%; font-size:15pt; font-family:'华文新魏'">北国风光，千里冰封，万里雪飘。<br />
        望长城内外，惟余莽莽；大河上下，顿失滔滔。<br />
        山舞银蛇，原驰蜡象，欲与天公试比高。<br />
        须晴日，看红装素裹，分外妖娆。<br />
        江山如此多娇，引无数英雄竞折腰。<br />
        惜秦皇汉武，略输文采；唐宗宋祖，稍逊风骚。<br />
        一代天骄，成吉思汗，只识弯弓射大雕。<br />
        俱往矣，数风流人物，还看今朝。
</p>
```

6. 保存网页，按【F12】键在浏览器中浏览效果

提示：（1）页面文档参考"WebTest／项目 13/13-1.html"。

（2）当在标签内按【Space】键时，会自动显示该标签的所有属性，"样式"选择"style"属性，当"style"属性有多个值时，值之间用分号间隔。

任务二　内部样式应用

一、任务描述

通过对前一个任务的学习，我们掌握了行内样式的创建与使用，本任务需要读者学会内部样式的创建与使用，学会编写较为复杂的样式，进一步提高 CSS 样式的操作技能。任务要求如下。

（1）在"WebTest\ 项目 13"文件夹中新建 13-2.html 文档，并实现图 13-8 所示的页面效果。

（2）网页设计要求。利用"新建 CSS 规则"向导创建内部样式，要求如下：

a. 要求题目"沁园春·雪"格式用"标题 1"即 <h1>，<h1> 调用"类"样式实现：字体颜色为蓝色、字体为华文行楷。

b. 要求"朝代：现代　作者：毛泽东"段落标签 <p> 调用"ID"样式实现：字体颜色为红色，字号为 12 pt、字体为华文楷体。

c. 要求设置正文部分即第三段调用"标签"(td) 样式：字号为 15 pt、字体为华文新魏，<p> 调用 ID 样式：设置 1.5 倍行距。

提示："类"选择器命名为 .font1；"ID"选择器命名为 #font2，#font3，其中"朝代：现代　作者：毛泽东"段落 <p> 调用的"ID"选择器名为 #font2；正文段落 <p> 调用的"ID"选择器名为 #font3。

图 13-8　13-2.html 页面浏览效果图

二、任务实施

1. 新建文档

新建 13-2.html 文档，并保存到“WebTest/ 项目 13”文件夹中。

2. 录入文本信息

在 13-2.html 文档的“设计”视图中，把光标定位到页面的第一行位置→按页面效果图所示输入文本信息（注意：正文部分放在表格中）。“设计”视图信息如图 13-9 所示，“代码”视图代码如图 13-10 所示。

沁园春·雪

朝代：现代　作者：毛泽东

北国风光，千里冰封，万里雪飘。
望长城内外，惟余莽莽；大河上下，顿失滔滔。
山舞银蛇，原驰蜡象，欲与天公试比高。
须晴日，看红装素裹，分外妖娆。
江山如此多娇，引无数英雄竞折腰。
惜秦皇汉武，略输文采；唐宗宋祖，稍逊风骚。
一代天骄，成吉思汗，只识弯弓射大雕。
俱往矣，数风流人物，还看今朝。

图 13-9　设计视图效果

```
<p>沁园春·雪</p>
<p>朝代：现代  作者：毛泽东</p>
<table width="450" border="0" cellspacing="0" cellpadding="0">
  <tr>
    <td><p> 北国风光，千里冰封，万里雪飘。<br />
    望长城内外，惟余莽莽；大河上下，顿失滔滔。<br />
    山舞银蛇，原驰蜡象，欲与天公试比高。<br />
    须晴日，看红装素裹，分外妖娆。<br />
    江山如此多娇，引无数英雄竞折腰。<br />
    惜秦皇汉武，略输文采；唐宗宋祖，稍逊风骚。<br />
    一代天骄，成吉思汗，只识弯弓射大雕。<br />
    俱往矣，数风流人物，还看今朝。
</p></td></tr></table>
```

图 13-10　代码视图

3. 设置题目“沁园春·雪”的样式

“属性”面板→单击“CSS”中的“编辑规则”按钮→打开“新建 CSS 规则”对话框，如图 13-11 所示→“选择器类型”选择“类”→“选择器名称”文本框中输入 .font1 →“规则定义”选择“仅限该文档”→单击“确定”按钮→弹出“.font1 的 CSS 规则定义”对话框，如图 13-12 所示→分类选择“类型”→ Font-family 选择“华文行楷”→ Color 选择“蓝色”→单击“确定”按钮。

4. 设置“朝代：现代　作者：毛泽东”的样式

打开“新建 CSS 规则”对话框→“选择器类型”选择“ID”→“选择器名称”文本框中输入 font2 →“规则定义”选择“仅限该文档”→单击“确定”按钮→弹出“.#font2 的 CSS 规则定义”对话框→分类选择“类型”→ Font-family 选择“华文楷体”→ Font-size 选择 12，单位选择 pt → Color 选择“红色”→单击“确定”按钮。

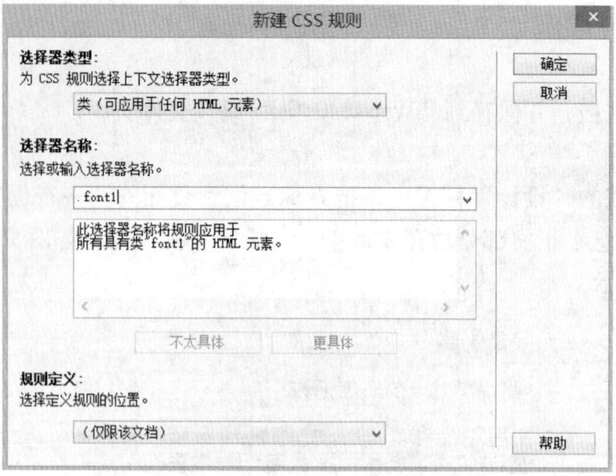

图 13-11　新建 CSS 规则

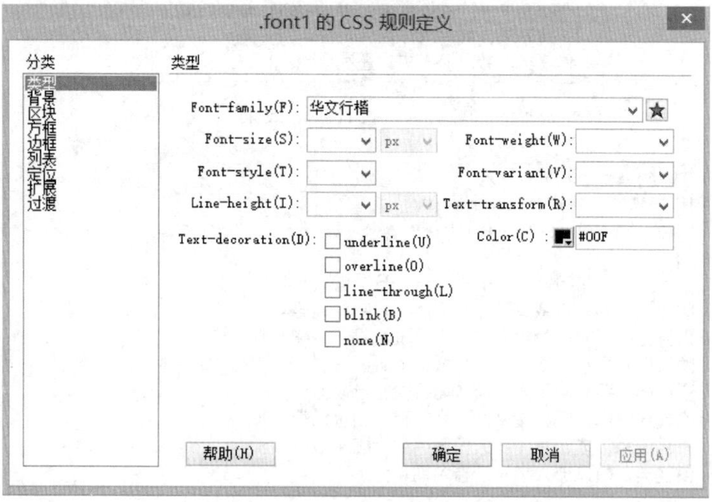

图 13-12　".font1 的 CSS 规则定义"对话框

5. 设置正文部分样式

打开"新建 CSS 规则"对话框→"选择器类型"选择"标签"→"选择器名称"文本框中输入"td"→"规则定义"选择"仅限该文档"→单击"确定"按钮→弹出"td 的 CSS 规则定义"对话框→分类选择"类型"→ Font-family 选择"华文新魏"→ Font-size 输入 15，单位选择"pt"→单击"确定"按钮。

打开"新建 CSS 规则"对话框→"选择器类型"选择"ID"→"选择器名称"文本框中输入"font3"→定义规则选择"仅限该文档"→单击"确定"按钮→弹出"# font3 的 CSS 规则定义"对话框→分类选择"类型"→ Line-height 中输入"150"，单位选择"%"→单击"确定"按钮。

到此，全部样式设置完成，打开代码视图，在 head 标签处自动生成样式代码，如图 13-13 所示。

6. 样式应用

选中"沁园春·雪"→"属性"面板单击"HTML"按钮→标题选择"标题 1"→切换到

代码视图→在 <h1> 标签内按【Space】键，在弹出的属性中选择"class"，样式选择 font1。

切换到代码视图，在"朝代：现代　作者：毛泽东"所在的段落标签 <p> 内【Space】键，在弹出的属性中选择"ID"，样式选择 font2。

```
<style type="text/css">
.font1 {
    font-family: "华文行楷";
    color: #00F;
}
#font2 {
    font-family: "华文楷体";
    font-size: 12pt;
    color: #F00;
}
td {
    font-family: "华文新魏";
    font-size: 15pt;
}
#font3 {
    line-height: 150%;
}
</style>
```

图 13-13　生成的样式代码

切换到代码视图，在正文所在的段落标签 <p> 内【Space】键，在弹出的属性中选择"ID"，样式选择 font3。

"词"部分样式应用如图 13-14 所示。

```
<h1 class="font1">沁园春·雪</h1>
<p id="font2">朝代：现代　作者：毛泽东</p>
<table width="450" border="0" cellspacing="0" cellpadding="0">
  <tr>
    <td><p id="font3"> 北国风光，千里冰封，万里雪飘。<br />
    望长城内外，惟余莽莽；大河上下，顿失滔滔。<br />
    山舞银蛇，原驰蜡象，欲与天公试比高。<br />
    须晴日，看红装素裹，分外妖娆。<br />
    江山如此多娇，引无数英雄竞折腰。<br />
    惜秦皇汉武，略输文采；唐宗宋祖，稍逊风骚。<br />
    一代天骄，成吉思汗，只识弯弓射大雕。<br />
    俱往矣，数风流人物，还看今朝。<br />
</p></td></tr></table>
```

图 13-14　样式应用代码

7. 保存网页，按【F12】键在浏览器中浏览效果

 提示：页面文档参考"WebTest / 项目 13/13-2.html"。

任务三　外部样式应用

一、任务描述

通过对前面任务的学习，我们掌握了行内样式、内部样式的创建与使用。本任务需要读者学会外部样式的创建、导入与使用，进一步提升读者的页面布局、元素控制、网页设计方面

的综合能力。任务要求如下所示：

（1）在"WebTest\ 项目 13"文件夹中新建 13-3.html 文档，并实现图 13-15 所示的页面效果。

（2）要求建立外部样式，样式文件名为 style.css，实现任务二中的相关样式设置。

图 13-15　13-3.html 页面浏览效果图

二、任务实施

1. 新建文档

新建 13-3.html 文档，并保存到"WebTest/ 项目 13"文件夹中。

2. 录入文本信息

在 13-3.html 文档的"设计"视图中，把光标定位到页面的第一行位置→按页面效果图所示输入文本信息（注意：正文部分放在表格中），"设计"视图信息如图 13-9 所示，"代码"视图代码如图 13-10 所示。

3. 设置样式

1）设置类选择器 .font1

打开"新建 CSS 规则"对话框→"选择器类型"选择"类"→"选择器名称"文本框中输入 font1 →"规则定义"选择"新建样式表文件"→单击"确定"按钮，弹出"将样式表文件另存为"对话框，保存路径选择"WebTest/ 项目 13"文件夹，文件名输入"style"，单击"保存"按钮→弹出".font1 的 CSS 规则定义"对话框→分类选择"类型"→ Font-family 选择"华文行楷"→ Color 选择"蓝色"→单击"确定"按钮。

2）设置 ID 选择器 #font2

打开"新建 CSS 规则"对话框→"选择器类型"选择"ID"→"选择器名称"文本框中输入 font2 →"规则定义"选择"style.css"→单击"确定"按钮→弹出"#font2 的 CSS 规则定义"

对话框→分类选择"类型"→ Font-family 选择"华文楷体"→ Font-size 选择 12，单位选择 pt → Color 选择"红色"→单击"确定"按钮。

3）设置 ID 选择器 #font3

打开"新建 CSS 规则"对话框→"选择器类型"选择"ID"→"选择器名称"文本框中输入"font3"→"规则定义"选择"style.css"→单击"确定"按钮→弹出"# font3 的 CSS 规则定义"对话框→分类选择"类型"→ Line-height 中输入"150"单位选择"%"→单击"确定"按钮。

4）设置 td 标签样式

打开"新建 CSS 规则"对话框→"选择器类型"选择"标签"→"选择器名称"文本框中选择"td"→定义规则选择"style.css"→单击"确定"按钮→弹出"td 的 CSS 规则定义"对话框→分类选择"类型"→ Font-family 选择"华文新魏"→ Font-size 输入 15，单位选择"pt"→单击"确定"按钮。

此时，全部样式设置完成，打开 style.css 文件，生成的代码如图 13-16 所示，13-3.html 文件的 <head> 标签处生成外部样式链接代码 <link href="style.css" rel="stylesheet" type="text/css" />。

```
1   @charset "utf-8";
2   .font1 {
3       font-family: "华文行楷";
4       color: #00F;
5   }
6   #font2 {
7       font-family: "华文楷体";
8       font-size: 12pt;
9       color: #F00;
10  }
11  #font3 {
12      line-height: 150%;
13  }
14  td {
15      font-family: "华文新魏";
16      font-size: 15pt;
17  }
```

图 13-16　style.css 样式文件代码

4. 应用样式

选中"沁园春·雪"→"属性"面板中单击"HTML"按钮→标题选择"标题 1"→切换到代码视图→在 <h1> 标签内按【Space】键，在弹出的属性中选择"class"，样式选择 font1。

切换到代码视图，在"朝代：现代　作者：毛泽东"所在的段落标签 <p> 内【Space】键，在弹出的属性中选择"ID"，样式选择 font2。

切换到代码视图，在正文所在的段落标签 <p> 内【Space】键，在弹出的属性中选择"ID"，样式选择 font3。

样式应用后代码视图如图 13-17 所示。

```
2   <html xmlns="http://www.w3.org/1999/xhtml">
3   <head>
4   <meta http-equiv="Content-Type" content="text/html; charset=utf-8" />
5   <title>外部样式应用</title>
6   <link href="style.css" rel="stylesheet" type="text/css" />
7   </head>
8   <body>
9   <h1 class="font1">沁园春·雪</h1>
10  <p id="font2">朝代：现代    作者：毛泽东</p>
11  <table width="450" border="0" cellspacing="0" cellpadding="0">
12    <tr>
13      <td><p id="font3">  北国风光，千里冰封，万里雪飘。<br />
14      望长城内外，惟余莽莽；大河上下，顿失滔滔。<br />
15      山舞银蛇，原驰蜡象，欲与天公试比高。<br />
16      须晴日，看红装素裹，分外妖娆。<br />
17      江山如此多娇，引无数英雄竞折腰。<br />
18      惜秦皇汉武，略输文采；唐宗宋祖，稍逊风骚。<br />
19      一代天骄，成吉思汗，只识弯弓射大雕。<br />
20      俱往矣，数风流人物，还看今朝。
21  </p></td></tr></table>
22  </body>
23  </html>
```

图 13-17　样式应用代码

5. 保存网页，按【F12】键在浏览器中浏览效果

提示：页面文档参考"WebTest / 项目 13/13-3.html"。

知识拓展

一、什么是 CSS？

CSS（Cascading Style Sheet），译为层叠样式表，是用于控制网页样式并允许将样式信息与网页内容分离的一种标记性语言。

CSS 技术是 Web 网页技术的重要组成部分，在制作网页时应用层叠样式表技术，可以有效地对页面的布局、字体、颜色、背景和其他效果实现更加精确的控制。

CSS 目前最新版本为 CSS3，是真正实现网页表现与内容分离的一种样式设计语言，CSS 能够对网页中各对象的位置排版进行像素级的精确控制，支持几乎所有的字体和字号样式，是目前基于文本展示最优秀的表现设计语言。

二、CSS 网页布局的特点

1. 代码精简，重用性高

网站制作使用 DIV+CSS 布局，页面代码精简，CSS 样式可与网页文件分离，以独立的文件存在。CSS 样式文件可被网站中的任何一个页面调用，当样式需要修改时，直接修改 CSS 文件即可。

2. 网页加载速度快

使用 DIV+CSS 布局的网页比 Table 布局的网页生成的代码更少，页面加载速度得以提升，用户体验也更快。

3. 优化搜索引擎

使用 Table 布局网页时，为了达到一定效果，往往需要多层表格嵌套，但"蜘蛛"搜索页面时，

如果遇到多层表格嵌套，就会跳过嵌套的内容或直接放弃整个页面，从而"蜘蛛"不能够抓取到页面的核心信息或该页面被记录为相似页面。应用 DIV+CSS 布局，基本上不会存在这样的问题。

4. 便于网站维护

对于网站开发者来说，代码精简，使得网页的维护更加方便，也更加易于修改。

提示：使用 DIV+CSS 布局网页容易出现浏览器不兼容的问题，主要原因是不同的浏览器对 CSS 的解析不相同，导致设计的页面效果在不同浏览器或不同版本的浏览器中显示不一样。使用 Table 布局基本不存在浏览兼容问题。

三、选择器类型

在新建 CSS 规则中，选择器有 4 种类型：类、ID、标签和复合内容，如图 13-18 所示。

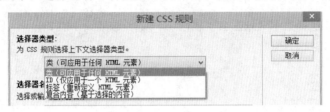

图 13-18　选择器类型

1. 类选择器：

可应用于任何 HTML 元素，类选择器以一个"."来定义（以 . 开头的自定义名字），由元素的 class 属性引用。

（1）类选择器语法：

. 选择器名 { 属性 1：值 1；属性 2：值 2；……；属性 n：值 n }

（2）实例如图 13-19 所示。

💡提示：类选择器以一个点号显示。

2. ID 选择器

ID 选择器可以为标有特定 ID 的 HTML 元素指定特定的样式。ID 选择器以"#"来定义（以 # 开头的自定义名字），由元素的 ID 属性引用。

（1）ID 择器语法：

选择器名 { 属性 1：值 1；属性 2：值 2；……；属性 n：值 n }

（2）实例如图 13-20 所示。

```
<style type="text/css">
<!--样式定义
.font1 {
    font-family: 宋体;
    font-size: 12px;
    color: #FF0000;}
-->
</style>

<!--样式引用 -->
<p class="font1">被修饰的内容</p>
```

图 13-19　类选择器

```
<style type="text/css">
<!--样式定义
#box {
    font-family: 宋体;
    font-size: 12px;
    color: #0000FF;
}
-->
</style>

<!--样式引用 -->
<div id="box">被修饰的内容</div>
<p id="box">被修饰的内容</p>
```

图 13-20　ID 选择器

3. 标签选择器

对现有 HTML 标签的一种重新定义，样式直接作用于页面中的 HTML 标签。选择器名即为标签名。

（1）标签选择器语法：

标签名 { 属性 1：值 1；属性 2：值 2；……；属性 n：值 n }

（2）实例如图 13-21 所示。

4. 复合内容选择器

可定义影响两个或多个标签、类或 ID 的复合规则，所有包含在该标签中的内容将遵循其定义的 CSS 样式显示。

（1）复合内容选择器语法格式：

类选择器名 /ID 选择器名 / 标签名 { 属性 1：值 1；属性 2：值 2；……属性 n：值 n }

（2）实例如图 13-22 所示。

```
<style type="text/css">
<!--重新定义body标签和td标签
body {
    background-color: #FFFFFF;
    background-image: url(images/001.jpg);
    background-repeat: repeat-y;
    margin: 0px;}
TD {FONT-SIZE: 9pt}
-->
</style>
```

图 13-21　标签选择器

```
<style type="text/css">
<!--定义样式
.a #b td {
    font-size: 16px;
}
-->
</style>
<!--引用样式 -->
<p class="a">引用类选择器样式</p>
<div id="b">引用ID选择器样式</div>
<table>
    <tr>
        <td>直接引用标签td的样式</td>
    </tr>
</table>
```

图 13-22　复合内容选择器

四、CSS 样式属性

在"CSS 规则定义"对话框中，网站设计者可以通过类型、背景、区块、方框、边框、列表、定位、扩展、过渡项的配置来美化网页，下面详细介绍 CSS 样式属性。

1. 类型

主要对文本进行控制，如图 13-23 所示，主要属性如下。

图 13-23　类型

（1）Font-family：设置文本字体，选择系统已有的字体，如黑体，宋体等。

（2）Font-size：设置文本字号大小，如 10 pt、20 px 等。

（3）Font-style（文本样式）：设置文本样式，可选值如下。

- Normal：文本正常显示。
- Italic：文本斜体显示。
- Oblique：文本倾斜显示。

（4）Line-hight（行间距）：设置文本行间距，可选值如下。

- Normal：默认。
- 值：设置数字，此数字会与当前的字体尺寸相乘来设置行间距。如 <p style="line-height:150%"> 表示 1.5 倍行间距。

（5）Text-decation: 设置文本修饰，可选值如下。

- Underline：定义文本下的下画线。
- Overline：定义文本上的上画线。
- line-through：定义文本的删除线。
- blink：定义闪烁的文本。
- None：默认，定义标准的文本。

（6）Font-weight：设置文本粗细，可选值如下。

- normal：默认值，定义标准的字符。
- bold：定义粗体字符。
- bolder：定义更粗的字符。
- lighter：定义更细的字符。
- 100、200、300、400、500、600、700、800、900 定义由粗到细的字符。400 等同于 normal，而 700 等同于 bold。

（7）Font-variant：把段落设置为小型大写字母字体，可选值如下。

- Normal：默认值，浏览器会显示一个标准的字体。
- small-caps：浏览器会显示小型大写字母的字体。

（8）Text-tranform：定义文本的大小写状态，可选值如下。

- Capitalize：每个单词的首字母大写。
- Uppercase：单词所有字母大写。
- Lowercase：所有字母小写。
- None：默认的正常状态。

（9）Color：定义字体颜色。

2. 背景

主要为对象添加背景图片或背景颜色，如图 13-24 所示，主要属性如下。

（1）Background-color：为元素设置背景颜色。

（2）Background-image：为元素设置背景图像。

（3）Background-repeat：设置是否及如何重复背景图像，可选值如下。

- repeat：默认值。背景图像将在垂直方向和水平方向重复。

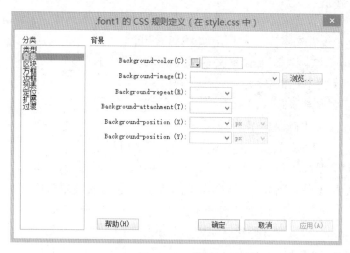

图 13-24　背景

- repeat-x：背景图像将在水平方向重复。
- repeat-y：背景图像将在垂直方向重复。
- no-repeat：背景图像将仅显示一次。

（4）Background-attachment：定义背景图片随滚动轴的移动方式。

- scroll：默认值。随着页面的滚动轴背景图片将移动（相对屏幕的位置移动）。
- fixed：随着页面的滚动轴背景图片不会移动（相对屏幕的位置不动）。

（5）Background-position：设置背景图像的起始位置，第一个值是水平位置，第二个值是垂直位置。

3. 区块

设置文字块缩进、间距和对齐等，如图 13-25 所示，主要属性如下。

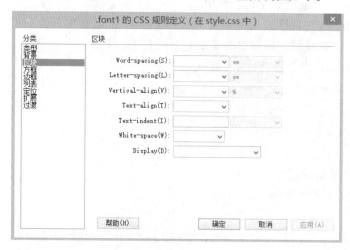

图 13-25　区块

（1）Word-spacing：定义单词间距，可选值如下。

- normal：默认值，定义单词间的标准空间。
- length：定义单词间的固定空间。

（2）Letter-spacing：定义字母间距，可选值如下。

- normal 默认值，定义单词间的标准空间。
- length 定义字符间的固定空间。

（3）vertical-align：设置元素的垂直对齐方式，可选值如下。

- baseline：默认值，元素放置在父元素的基线上。
- sub：垂直对齐文本的下标。
- Super：垂直对齐文本的上标。
- Top：把元素的顶端与行中最高元素的顶端对，
- Text-top：把元素的顶端与父元素字体的顶端对齐。
- middle：把此元素放置在父元素的中部。
- bottom：把元素的顶端与行中最低的元素的顶端对齐。
- text–bottom：把元素的底端与父元素字体的底端对齐。
- %：使用"line-height"属性的百分比值来排列此元素。允许使用负值。

（4）Text-align：设置元素中的文本的水平对齐方式，可选值如下。

- left：默认值，把文本排列到左边。
- right：把文本排列到右边。
- center：把文本排列到中间。
- justify：实现两端对齐文本效果。

（5）Text-indent：设置首行文本的缩进，直接输入缩进值（如缩进 2 字符：2em）。

（6）Write-space：设置如何处理元素内的空白，可选值如下。

- normal：默认值，空白会被浏览器忽略。
- pre：空白会被浏览器保留，其行为方式类似 HTML 中的 <pre> 标签。
- nowrap：文本不会换行，文本会在在同一行上继续，直到遇到 <br \> 标签为止。

（7）Display：设置元素应该生成的框的类型，可选值如下。

- none：此元素不会被显示。
- block：此元素将显示为块级元素，此元素前后会带有换行符。
- inline：默认值，此元素会被显示为内联元素，元素前后没有换行符。
- inline-block：行内块元素（CSS2.1 新增的值）。
- list-item：此元素会作为列表显示。
- run-in：此元素会根据上下文作为块级元素或内联元素显示。
- compact：CSS 中有值 compact，不过由于缺乏广泛支持，已经从 CSS2.1 中删除。
- marker：CSS 中有值 marker，不过由于缺乏广泛支持，已经从 CSS2.1 中删除。
- table：此元素会作为块级表格来显示（类似 <table>），表格前后带有换行符。
- inline-table：此元素会作为内联表格来显示（类似 <table>），表格前后没有换行符。
- table-row-group：此元素会作为一个或多个行的分组来显示（类似 <tbody>）。
- table-header-group：此元素会作为一个或多个行的分组来显示（类似 <thead>）。
- table-footer-group：此元素会作为一个或多个行的分组来显示（类似 <tfoot>）。
- table-row：此元素会作为一个表格行显示（类似 <tr>）。

- table-column-group：此元素会作为一个或多个列的分组来显示（类似 <colgroup>）。
- table-column：此元素会作为一个单元格列显示（类似 <col>）。
- table-cell：此元素会作为一个表格单元格显示（类似 <td> 和 <th>）。
- table-caption：此元素会作为一个表格标题显示（类似 <caption>）。

4．方框

控制元素的大小和排布方式，如图 13-26 所示，主要属性如下。

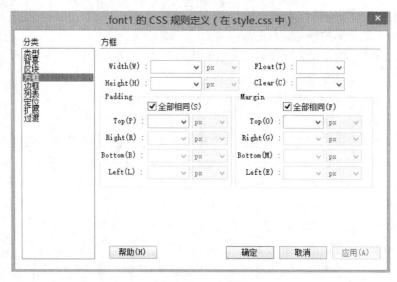

图 13-26　方框

（1）Width：设置对象的宽度。

（2）Height：设置对象的高度。

（3）Float：设置浮动方式，即对象的环绕效果，可选值如下。

- left：左浮动。
- right：右浮动。
- none：取消环绕效果。

（4）Clear：清除浮动，可选值如下。

- left：在左侧不允许浮动元素。
- right：在右侧不允许浮动元素。
- both：在左右两侧均不允许浮动元素。

（5）Padding：填充，是指边框和其中内容之间的空白区域。

（6）margin：边界，是指边框外侧的空白区域。

5．边框

控制元素形状（如实线、双线等）、颜色、粗细等，如图 13-27 所示，主要属性如下。

（1）Style：样式，设置边框的样式，如选中"全部相同"复选框，则只需要配置"top"样式，其他方向的样式"top"相同；如各不相同可分别设置，可选值如下。

- none：定义无边框。
- dotted：定义点状式边框。

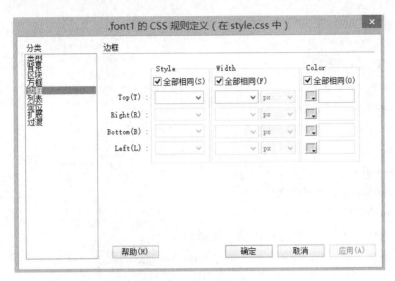

图 13-27　边框

- dashed: 定义破折线式边框。
- solid：定义实线式边框。
- double：定义双线式边框。
- groove：定义 3D 凹槽边式边框。
- ridge：定义 3D 垄状式边框。
- inset：定义内嵌效果的边框。
- outset：定义突起效果的边框。

（2）width：宽度，配置 4 个方向边框的宽度。可选值为细、中、粗，也可输入具体的值和单位。

（3）color：颜色，配置边框对应的颜色。

6．列表

主要用来设置列表，丰富了列表的外观，如图 13-28 所示，主要属性如下。

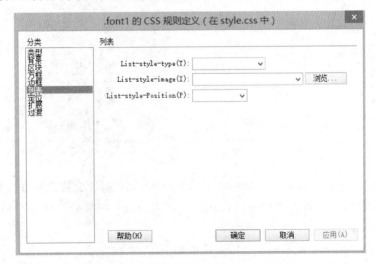

图 13-28　列表

（1）List-style-type：定义列表的类型，可选值如下。

- disc：默认标记是实心圆。
- circle：标记是空心圆。
- square：标记是实心方块。
- decimal：标记是数字。
- lower-roman：小写罗马数字（i、ii、iii、iv、v 等）。
- upper-roman：大写罗马数字（I、II、III、IV、V 等）。
- lower-alpha：小写英文字母。
- upper-alpha：大写英文字母。
- none：无标记。

（2）List-style-image：能够选择图像来显示列表。

（3）List-style-position：列表位置，决定列表项目缩进的程度，可选值如下。

- Inside：列表项目标记放置在文本以内，且环绕文本根据标记对齐。
- Outside：默认值，保持标记位于文本的左侧。列表项目标记放置在文本以外，且环绕文本不根据标记对齐。

7. 定位

对块级元素的位置大小进行控制，实际上主要是对层的配置，因为 Dreamweaver 提供了可视化的层操作功能，所以此项配置在实际操作中很少使用。

8. 扩展

为特定标签指定特殊的鼠标形状，如图 13-29 所示，主要属性如下。

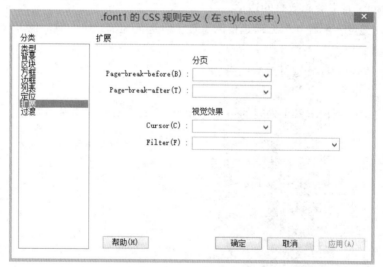

图 13-29　扩展

（1）分页：page-break-before 和 page-break-after CSS 属性并不会修改网页在屏幕上的显示，这两个属性是用来控制文件的打印方式，通过样式来为网页添加分页符号，允许用户在某元素前或后进行分页。

① Page-break-before：元素前分页，可选值如下。

- auto：默认值。如果必要则在元素前插入分页符。

- always：在元素前插入分页符。
- avoid：避免在元素前插入分页符。
- left：在元素之前插入足够的分页符，一直到一张空白的左页为止。
- right：在元素之前插入足够的分页符，一直到一张空白的右页为止。

② Page-break-after：元素后分布，可选值和 Page-break-before 类似。

> 注意：要尽可能少地使用分页属性，并且避免在表格、浮动元素、带有边框的块元素中使用分页属性。

（2）视觉效果。

① Cursor：光标，鼠标滑过这个区域时改变鼠标形状，可选值如下。

- crosshair：光标呈现为十字线。
- text：光标呈现为文本选择符号。
- wait：光标呈现为沙漏形状。
- pointer：光标呈现为指示链接的指针（一只手）。
- help：光标呈现为可用的帮助（通常是一个问号或一个气球）。
- e-resize：光标指示矩形框的边缘可被向右（东）移动。
- ne-resize：光标指示矩形框的边缘可被向上及向右移动（北 / 东）。
- n-resize：光标指示矩形框的边缘可被向上（北）移动。
- nw-resize：光标指示矩形框的边缘可被向上及向左移动（北 / 西）。
- w-resize：光标指示矩形框的边缘可被向左移动（西）。
- sw-resize：光标指示矩形框的边缘可被向下及向左移动（南 / 西）。
- s-resize：光标指示矩形框的边缘可被向下移动（南）。
- se-resize：光标指示矩形框的边缘可被向下及向右移动（南 / 东）。
- move：光标指示某对象可被移动。
- auto 默认为浏览器设置的光标。

② Filter：过滤器，实现过滤器（滤镜）效果，可选值如下。

- alpha：配置透明效果。
- blru：配置模糊效果。
- chroma：把指定的颜色配置为透明。
- dropShadow：配置投射阴影。
- flipH：水平反转。
- flipV：垂直反转。
- glow：为对象的外边界增加光效。
- grayscale：降低图片的彩色度。
- invert：将色彩、饱和度连同亮度值完全反转建立底片效果。
- light：配置灯光投影效果。
- mask：配置遮罩效果，Color 指定遮罩的颜色。
- shadow：配置阴影效果。

- wave：配置水平方向和垂直方向的波动效果。
- xray：配置 X 光照效果。

思考：在网上搜索整理"过渡"样式属性的用法。

五、CSS 的注释

用户可以在 CSS 中插入注释来说明代码的意思，注释有利于开发者以后编辑和更改代码时对代码的理解。在浏览器中，注释是不显示的。

注释语法：/* 注解注释内容 */

实例：

```
<style type="text/css">
.font1 {
    font-family: "华文行楷"; ;}   /* 设置文本的字体 */
    color: #00F;}                 /* 设置文本的颜色 */
</style>
```

思考与练习

一、填空题

1. Dreamweaver 中，CSS 选择器类型包括_____、_____、_____、_____。

2. 在网页中使用 CSS 样式有三种方法：_____、_____、_____。

3. 超链接的 4 种状态中，用于定义超链接初始状态的是_____；用于定义已经访问过的超链接的状态的是_____；用于定义鼠标指针经过超链接对象时的状态的是_____；用于定义超链接的活动状态的是_____。

4. 用来定义 CSS 样式的标签是_____。

5. CSS 样式表位于文档中的_____区。

6. CSS 样式的注释形式是_____。

7. 更改字体大小的 CSS 属性是_____。

8. 在 <head> 标签部分通过 <style> 标签定义的样式叫_____。

二、选择题

1. 要创建一个自定义的 CSS 样式，应在"新建 CSS 规则"对话框的"选择器类型"中选择（　　　）。

    A. 类　　　　　　　　B. 标签　　　　　　　　C. ID　　　　　　　　D. 以上均正确

2. 在 Dreamweaver 的 CSS 定义中，a: visited 是指（　　　）。

    A. 超链接初始的状态　　　　　　　　B. 已访问过的超链接状态

    C. 超链接的活动状态　　　　　　　　D. 鼠标指针经过超级链接对象时的状态

3. a:link，是要创建（　　　）时的 CSS 样式。

    A. 超链接的初始状态

    B. 已经访问过的超链接状态

    C. 鼠标经过超链接对象时的状态

D. 超链接的活动状态

4. 在 CSS 样式面板中，类样式名称必须以（　　）字符开头。

  A.   B. .   C. *   D. #

5. 在 CSS 样式面板中，ID 样式名称必须以（　　）字符开头。

  A.   B. .   C. *   D. #

6. 用来定义 CSS 样式的标签是（　　）。

  A. <ol></ol>   B. <sryle></style> C. <head></head> D. <font></font>

7. 在 HTML 中，以下关于 CSS 样式中文本属性的说法，错误的是（　　）。

  A. font-size 用来设置文本的字体大小

  B. font-family 用来设置文本的字体类型

  C. color 用来设置文本的颜色

  D. text-align 用来设置文本的字体形状

8. CSS 的中文全称是（　　）。

  A. 层叠样式表   B. 层叠表   C. 样式表   D. 以上都正确

9. 在 CSS 语言中，下列（　　）是"右边框"的语法？

  A. border-left-width   B. border-top-width

  C. border-right   D. border-top-width

10. 下列选项中属于 CSS 行高属性的是（　　）。

  A. line-height   B. text-transform C. text-align   D. font-size

11. 下列（　　）是 CSS 正确的语法构成。

  A. body:color=black   B. {body;color:black}

  C. body {color: black ;}   D. {body: color=black (body}

12. 下面（　　）CSS 属性是用来更改背景颜色的。

  A. background-color   B. bgcolor

  C. color   D. backgroundColor

三、简答题

1. 简述 CSS 网页布局的特点。

2. 什么是 CSS？简述 CSS 样式的作用。

3. 简述 CSS 样式应用的优先规则。

4. 在 HTML 页面中写出层（<div id="main"></div>）水平居中的样式。

四、实操练习

实训：超链接字体样式应用。

实训描述：用 CSS 控制超链接字体样式，具体需求如下。

1. "WebTest\ 项目 13" 文件夹中新建 13-4.html 文档。

2. 在 13-4.html 文档中输入图 13-30 所示的文本。

3. 创建超链接字体样式：

（1）链接未被单击时超链接文字无下画线，显示为蓝色。

（2）当鼠标指针放在链接上时有下划线，链接文字显示为红色。

（3）当单击链接时，即链接被激活，链接无下画线，显示为黄色。

（4）当单击链接后，也就是链接已被访问过后，链接无下画线，显示为绿色。

4. 页面浏览效果如图 13-31 所示。

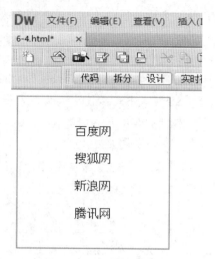

图 13-30 文本输入效果

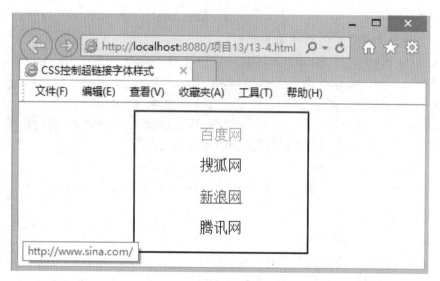

图 13-31 页面浏览效果图

💡 **提示**：（1）a:link 指正常的未被访问过的链接；a:hover 指鼠标指针悬停在链接上；a:active 指正在单击的链接；a:visited 指已经访问过的链接。

（2）可在"新建 CSS 规则"中选择"复合内容"，下面的"选择器名称"中可选择对应的对象，如图 13-32 所示。

（3）通过"新建 CSS 规则"生成的 CSS 样式如图 13-33 所示。

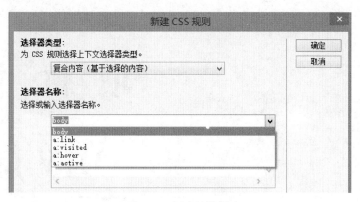

图 13-32　新建链接样式

```
5   <title>CSS控制超链接字体样式</title>
6   <style type="text/css">
7   a:link {/*链接未被点击时超链接文字无下画线，显示为蓝色*/
8       color: #00F;
9       text-decoration: none;
10  }
11  a:hover {/*当鼠标放在链接上时有下画线，链接文字显示为红色；*/
12      color: #F00;
13      text-decoration: underline;
14  }
15  a:active {/*当点击链接时，即链接被激活，链接无下画线，显示为黄色；*/
16      color: #FF0;
17      text-decoration: none;
18  }
19  a:visited {/*当点击链接后，也就是链接已被访问过后，链接无下划线，显示为绿色；*/
20      color: #0F0;
21      text-decoration: none;
22  }
23
24  td {/*表格单元格居中显示样式*/
25      text-align: center;
26  }
27  </style>
```

图 13-33　链接文本 CSS 样式

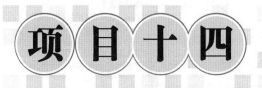

项目十四

DIV 层应用

学习目标

- ❑ 了解层的概念和用途。
- ❑ 学会层的创建与设置。
- ❑ 掌握层的标签及属性。
- ❑ 学会层的嵌套。
- ❑ 学会层的应用。

项目简介

通过对前一项目的学习，我们掌握了 CSS 样式的创建与使用。目前，DIV+CSS 技术是一种优秀的网页布局方法，也成为 Web 设计的主流技术。层很像 Word 中的文本框，可以在网页中任意移动位置，层中可以放入任何网页元素，层之间可以重叠，也可以嵌套使用，还可以控制层的显示与隐藏状态。通过本项目的学习，需要掌握层的相关操作，学会综合应用 DIV+CSS 技术制作精美网页的技能。

本项目需要完成的任务：

任务一 层的重叠显示。

任务二 层的隐藏与显示。

任务三 DIV+CSS 网页布局应用。

项目实施

任务一 层的重叠与嵌套

一、任务描述

本任务要求掌握层的相关概念、特点，学会层的基本操作方法，学会层的重叠与嵌套的相关设置方法。任务要求如下。

（1）在"WebTest\项目 14"文件夹中新建 14-1.html 文档，并实现图 14-1 所示的页面效果。

（2）网页设计要求。

① 在文档中插入第一个层，设置宽为 200 px，高为 100 px，左边距为 10 px，输入文字"第一个层"，文字"右"对齐显示，设置层背景色为红色；

② 在文档中插入第二个层，设置宽为 200 px，高为 100 px，左边距为 100 px，输入文字"第二个层"，文字"右"对齐显示，设置层背景色为绿色；

③ 在文档中插入第三个层，设置宽为 200 px，高为 100 px，左边距为 190 px，输入文字"第三个层"，文字"右"对齐显示，设置层背景色为蓝色；

④ 在第一个层中插入一个层，设置宽为 70 px，高为 50 px，左边距为 0 px，输入文字"第四个层"，文字"左"对齐显示，设置层背景色为黄色；

⑤ 层重叠显示顺序为：蓝色背景层显示在最下面，绿色背景层显示在中间、红色背景层显示在最上面。

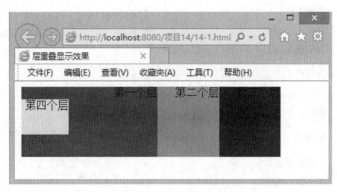

图 14-1 14-1.html 页面浏览效果图

二、知识储备

1. 认识层

层是 Dreamweaver 中用于页面的布局，是 CSS（层叠样式表）中的定位技术。层可以被定位在网页的任意位置，层中可以插入包含文本、图像等所有可以直接插入至网页的元素（除了框架），层也可以嵌套。网页中的层拥有很多表格所不具备的特点，如层可以重叠，可自定义各层之间的层次关系，可灵活拖动，可根据需要设置其可见性等。熟练掌握层技术可为读者提供强大的页面控制能力。

在 Dreamweaver 中，层有两种：一种是一般的层，即 DIV，用来在页面中定义一个区域，使用 CSS 样式控制 DIV 元素的显示效果。 另一种是绝对定位层，即 "ap div"，它是绝对定位的 DIV 标签，可以直接用鼠标移动，改变大小，在定义时会自动生成 position、width、height 等样式。

DIV 与 AP DIV 没有本质的区别，DIV 与 AP DIV 的不同在于 AP DIV 在创建时默认创建了 ID 类型的 CSS 样式，而 DIV 创建时不带样式。

2. 层标签

层的标签是 "<div>"，是一个块级元素，它可以把文档分割为独立的、不同的部分，浏览器通常会在 DIV 元素前后放置一个换行符。可以通过 <div> 的 class 或 ID 属性来应用样式。代码如下所示：

```
<style type="text/css">
#mydiv{                              /* 定义 DIV 的样式 */
   width:500px;
   height:300px;}
</style>

<div id="mydiv">DIV 使用 ID 属性引用样式 </div>
```

3. 创建层

点击 "插入" 菜单→选择 "布局对象" 中的 AP Div 或 Div，如图 14-2 所示。

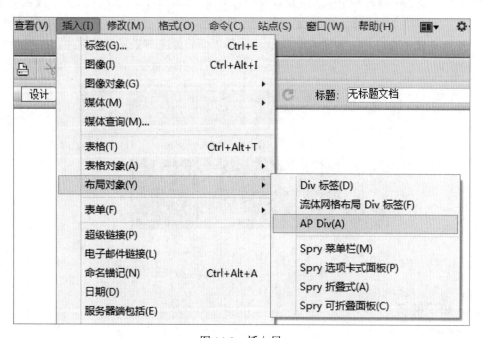

图 14-2　插入层

插入层后，再设计视图效果，如图 14-3 所示。

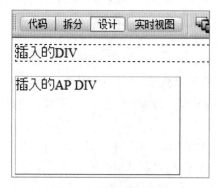

图 14-3　设计视图效果

插入层后，代码视图自动生成相应代码，如图 14-4 所示。

```
6    <title>插入层</title>
7    <style type="text/css">
8    #apDiv1 {/*插入AP DIV生成的样式*/
9        position: absolute;
10       width: 200px;
11       height: 115px;
12       z-index: 1;
13   }
14   </style>
15   </head>
16   <body>
17   <div>插入的DIV</div>
18   <br />
19   <div id="apDiv1">插入的AP DIV</div>
```

图 14-4 生成的层代码

三、任务实施

1. 新建文档

新建 14-1.html 文档，并保存到"WebTest/ 项目 14"文件夹中。

2. 插入层

（1）插入第一个层：单击"插入"菜单→选择"布局对象"中的 AP Div →将光标定位在层中，输入文字"第一个层"，并在"属性"面板中单击"右对齐"图标→选中层→在"属性"面板中，在"左"文本框中输入"10 px"，在"宽"文本框中输入"200px"，在"高"文本框中输入"100px"，在"背景颜色"中选择"红色"，"Z 轴"改为"3"。"属性"面板设置如图 14-5 所示。

图 14-5 层属性设置

（2）插入第二个层：单击"插入"菜单→选择"布局对象"中的 AP Div →将光标定位在层中，输入文字"第二个层"并在"属性"面板中单击"右对齐"图标→选中层→在"属性"面板中，在"左"文本框中输入"100 px"，在"宽"文本框中输入"200 px"，在"高"文本框中输入"100 px"，在"背景颜色"中选择"绿色"，"Z 轴"为"2"，保持不变。

（3）插入第二个层：单击"插入"菜单→选择"布局对象"中的 AP Div →将光标定位在层中，输入文字"第三个层"并在"属性"面板中单击"右对齐"图标→选中层→在"属性"面板中，在"左"文本框中输入 190 px，在"宽"文本框中输入"200 px"，在"高"文本框中输入"100 px"，在"背景颜色"中选择"蓝色"，"Z 轴"改为"1"。

（4）将光标定位在第一个层中（背景颜色为红色）：单击"插入"菜单→选择"布局对象"中的 AP Div →将光标定位在层中，输入文字"第四个层"并在"属性"面板中单击"右对齐"图标→选中层→在"属性"面板中，在"左"文本框中输入 0 px，在"宽"文本框中输入"70 px"，在"高"文本框中输入"100 px"，在"背景颜色"中选择"黄色"，"Z 轴"默认。

思考：层的"Z 轴"值大小控制层的什么？如第二个层和三个层的文字是左对齐，浏览效果怎样？

上面各层设置完成后，切换到"代码"视图，生成的各层的样式如图 14-6 所示，各层及样式引用代码如图 14-7 所示。

```
7   <style type="text/css">
8   #apDiv1 {
9       position: absolute;
10      width: 200px;
11      height: 100px;
12      z-index: 3;
13      background-color:#FF0000;
14      left: 10px;
15      text-align: right;}
16  #apDiv2 {
17      position: absolute;
18      width: 200px;
19      height: 100px;
20      z-index: 2;
21      left: 100px;
22      background-color: #00FF00;
23      text-align: right;}
24  #apDiv3 {
25      position: absolute;
26      width: 200px;
27      height: 100px;
28      z-index: 1;
29      left: 190px;
30      background-color:  #0000FF;
31      text-align: right;}
32  #apDiv4 {
33      position: absolute;
34      width: 70px;
35      height: 50px;
36      z-index: 4;
37      left: 0px;
38      background-color: #FFFF00;
39  }</style>
```

图 14-6　层样式代码

```
43  <body>
44  <div id="apDiv1">第一个层
45    <div id="apDiv4">第四个层</div>
46  </div>
47  <div id="apDiv2">第二个层</div>
48  <div id="apDiv3">第三个层</div>
49  </body>
```

图 14-7　层及样式引用

3. 保存网页，按【F12】键在浏览器中浏览效果

> 提示：（1）页面文档参考"WebTest / 项目 14/14-1.html"。
>
> （2）Z 轴：设置层的堆叠顺序。编号大的层出现在编号小的层上面。

任务二　层的隐藏与显示

一、任务描述

通过前一任务的学习，我们掌握了层的插入、样式设置以及层的相关操作方法。本任务需要掌握通过行为控制层的隐藏与显示效果的操作技巧。任务要求如下。

（1）在"WebTest\ 项目 14"文件夹中新建 14-2.html 文档，并实现图 14-8 所示的页面效果。

（2）网页设计要求。

① 在文档中输入文字："显示层 1 隐藏层 2"、"显示层 2 隐藏层 1"、"显示层 1 和层 2"和"隐藏层 1 和层 2"，当单击文字链接时实现如下效果：

a．当单击"显示层 1 隐藏层 2"时，显示"层 1"同时隐藏"层 2"。

b．当单击"显示层 2 隐藏层 1"时，显示"层 2"同时隐藏"层 1"。

c．当单击"显示层 1 和层 2"时，"层 1"和"层 2"均显示。

d．当单击"隐藏层 1 和层 2"时，"层 1"和"层 2"均隐藏。

② 在文字下方插入 2 个层，分别在层中输入"层 1"，"层 2"。

③ 层的样式要求：

a．宽均为 200 px，高均为 100 px。

b．文本均为居中显示。

c．"层 1"的边框定义为 double，边框颜色设置为红色。

d．"层 2"的边框定义为 dashed，边框颜色设置为绿色。

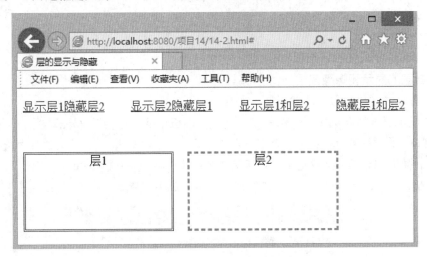

图 14-8　14-2.html 页面浏览效果图

二、任务实施

1. 新建文档

新建 14-2.html 文档，并保存到"WebTest/ 项目 14"文件夹中。

2. 录入文本信息

在页面中输入"显示层 1 隐藏层 2"、"显示层 2 隐藏层 1"、"显示层 1 和层 2"和"隐藏层 1 和层 2"文本信息并按【Enter】键分段。

3. 插入层

在页面文本信息下方插入两个 AP Div 层，按需求设置两个层的样式，样式代码如下：

```
#apDiv1 {                        /* 层 1 的样式 */
    position: absolute;
    width: 200px;
    height: 100px;
    z-index: 1;
    text-align: center;
    border:double;               /* 层 1 的边框样式 */
    border-color:#F00            /* 层 1 的边框颜色 */
}

#apDiv2 {                        /* 层 2 的样式 */
    position: absolute;
    width: 200px;
```

```
        height: 100px;
        z-index: 2;
        left: 233px;
        text-align: center;
        border:dashed;              /* 层 2 的边框样式 */
        border-color:#0F0          /* 层 2 的边框颜色 */
    }
```

提示：（1）面板属性中没有的属性可直接在代码视图中编写，属性之间用分号间隔。

（2）在样式代码空白处按【Space】键，系统会自动显示相关属性选择列表，当选择某属性后，也会自动显示相关的属性值列表。

4. 设置层的显示和隐藏效果

（1）设置单击"显示层 1 隐藏层 2"效果。

选中"显示层 1 隐藏层 2"文本 →在"属性"面板中的"链接"文本框中输入空链接"#"→单击"窗口"菜单→选择"行为"命令→在"行为"面板中单击 ➕，在下拉菜单中选择"显示 - 隐藏元素"，弹出"显示 - 隐藏元素"对话框，如图 14-9 所示→选中"div apDiv1"，单击"显示"按钮→选中"div apDiv2"，单击"隐藏"按钮→单击"确定"按钮。

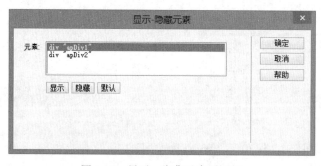

图 14-9　显示 - 隐藏元素对话框

（2）按上面的方法，设置"显示层 2 隐藏层 1"、"显示层 1 和层 2"和"隐藏层 1 和层 2"文字的行为。

注意：在添加行为后，会自动在代码中生成相应的脚本代码：

```
<script type="text/javascript">
/* 显示和隐藏层的脚本代码 */
function MM_showHideLayers() { //v9.0
  var i,p,v,obj,args=MM_showHideLayers.arguments;
  for (i=0; i<(args.length-2); i+=3)
  with (document) if (getElementById && ((obj=getElementById(args[i]))!=null))
{ v=args[i+2];
    if(obj.style){obj=obj.style; v=(v=='show')?'visible':(v=='hide')?'hidden':v; }
    obj.visibility=v; }
  }
</script>
```

body 部分代码如下：

```
<body>
```

```
    <p><a href="#" onclick="MM_showHideLayers('apDiv1','','show','apDiv2','','
hide')">显示层 1 隐藏层 2</a>
       <a href="#" onclick="MM_showHideLayers('apDiv1','','hide','apDiv2','',
'show')">显示层 2 隐藏层 1</a>
       <a href="#" onclick="MM_showHideLayers('apDiv1','','show','apDiv2','',
'show')">显示层 1 和层 2</a>
       <a href="#" onclick="MM_showHideLayers('apDiv1','','hide','apDiv2','',
'hide')">隐藏层 1 和层 2</a></p>
    <p> </p>
    <div id="apDiv1">层 1</div>
    <div id="apDiv2">层 2</div>
    </body>
```

5. 保存网页，按【F12】键在浏览器中浏览效果

提示：页面文档参考"WebTest / 项目 14/14-2.html"。

任务三 DIV+CSS 网页布局应用

一、任务描述

通过对 DIV 和 CSS 的学习，读者对层和样式都有了比较全面的认识，也具备了相关的操作技能。本任务需要掌握采用 DIV+CSS 的方式实现各种元素定位，实现元素的精确控制，从而实现页面的完美布局。任务要求如下。

（1）在"WebTest\ 项目 14"文件夹中新建 14-3.html 文档，并实现图 14-10 所示的页面效果。

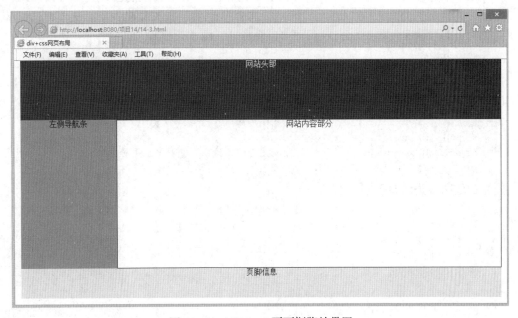

图 14-10　14-3.html 页面浏览效果图

（2）网页设计要求。

① 要求应用 DIV+CSS 技术布局页面。

② DIV 样式需求。

a．最外层 DIV 标签（ID=#bigdiv）：宽 1000 px，浏览时控制页面居中显示，所有文本居中显示。

b．网站头部 DIV 标签（ID=#top）：背景色为"深绿色"，颜色代码为"#006400"，宽 1000 px，高 120 px。

c．左侧导航条 DIV 标签（ID=#left）：背景色为："绿色"，颜色代码为"#00FF00"，宽 200 px，高 300 px，浮动为左对齐。

d．网站内容部分 DIV 标签(ID=#content)：边框设置为 1 px，边框色为黑色，浮动为左对齐。

e．页脚信息 DIV 标签（ID=#foot）：背景色为"黄色"，颜色代码为"#FFFF00"，宽 1000 px，高 60 px。

二、任务实施

1．新建文档

新建 14-3.html 文档，并保存到"WebTest/ 项目 14"文件夹中。

2．插入 DIV 标签

（1）插入最外层 DIV 标签。

在 14-3.html 文档的"设计"视图中，将光标定位到页面的第一行位置→单击"插入"菜单→选择"布局对象"中的"Div 标签"→删除 DIV 标签中默认的文本信息。

（2）插入网站头部 DIV 标签。

光标定位在"最外层 DIV 标签"中→单击"插入"菜单→选择"布局对象"中的"Div 标签"→输入"网站头部"文本信息。

（3）插入左侧导航条 DIV 标签、网站内容部分 DIV 标签、页脚信息 DIV 标签。

复制"网站头部 DIV 标签"并在"网站头部 DIV 标签"后面粘贴三次，依次在粘贴的标签中输入"左侧导航条""网站内容部分""页脚信息"等文本信息。

3．创建内部样式

按 DIV 样式需求，在页面代码 <HEAD> 中创建"内部样式"（选择"ID 选择器"）。

（1）创建最外层 DIV 标签样式：

```
#bigdiv{                        /* 最外层总的 DIV 标签样式 */
    width:1000px;
    margin:0px auto;            /* 设置整个容器在浏览器中水平居中 */
    text-align:center;          /* 文本居中显示 */
```

（2）创建网站头部 DIV 标签样式：

```
#top {                          /* 网站头部样式 */
    background-color: #006400;
    height:120px;
    text-align:center;
    color:#FFF
}
```

（3）创建左侧导航条 DIV 样式：

```
#left {                         /* 左侧导航条样式 */
    float:left;
    background-color: #00FF00;
    width:200px;
    height:300px;
```

```
}
```

（4）创建网站内容部分 DIV 标签样式：

```
#content {                          /* 网站内容部分样式 */
    float:left;
    border: 1px solid #000;
    width: 798px;                   /*float 元素的宽度之和要小于100%:left 中
width 为 200px, 去掉边框此处为 798px*/
    height: 298px;
}
```

（5）创建页脚 DIV 样式：

```
#foot {                             /* 网站页脚样式 */
    background-color:#FFFF00;
    width: 1000px;
    height: 60px;
}
```

（6）由于可能浮动引起，页脚所在 DIV 层会挤到页面上方，可以加上样式 clear：both 清除：

```
.Clear{/* 可能浮动引起，有时 div 会挤到页面上方，可以加上 clear：both 清除 */
    clear:both;
    }
```

4. 样式应用

切换到"代码"视图，如下代码所示应用 ID 样式（注意：所有的 DIV 都嵌套在 id="bigdiv" 的层中）。

```
<body>
<div id="bigdiv">
    <div id="top"> 网站头部 </div>
    <div id="left"> 左侧导航条 </div>
    <div id="content"> 网站内容部分 </div>
    <div class="Clear"></div>
    <div id="foot"> 页脚信息 </div>
</div>
</body>
```

5. 保存网页，按【F12】键在浏览器中浏览效果

提示：页面文档参考"WebTest / 项目 14/14-3.html"。

知识拓展

一、AP 元素概述

AP 元素（绝对定位元素）是被分配了绝对位置的 html 页面元素，具体地说，就是 DIV 标签，是一种新的网页元素定位技术，它功能强大，可以创建复杂的页面布局。在 AP 元素中可以插入包含文本、图像、表格、AP 元素、多媒体、表单、超链接等所有可以直接插入至网页的元素（除了框架）。AP 元素可以任意调整大小、叠放顺序；可以移动、隐藏、嵌套；可以放在网页的任何位置；可以对网页元素以像素为单位进行精确定位；AP 元素的出现使网页从二维平面拓

展到三维。

二、AP 元素的定位

AP 元素的定位包括：绝对定位（absolute，是默认设置）和相对定位（relative）。

（1）position:absolute 表示绝对定位。如果父级容器没有设定 position 属性或没有父级容器，那么当前的 absolute 将结合 Top、Right、Bottom、Left 属性以浏览器左上角为原始点开始计算；如果有父级容器且父级容器设定 position 属性，那么当前的 absolute 将结合 Top、Right、Bottom、Left 属性以最近的父级容器的左上角为原始点进行定位。

（2）position:relative 表示相对定位。如有父级容器，那么将以最近的父级容器左上角为原始点结合 Top、Right、Bottom、Left 属性进行定位；如无父级容器，则以 BODY 的左上角为原始点进行定位。

> 提示：使用绝对定位的层可以层叠，也可通过鼠标移动；使用相对定位的层不能层叠也无法通过鼠标移动。

三、AP DIV 和 DIV 标签的区别

AP DIV（Absolute Position Div）是 DIV 层定位的一种，是绝对定位。普通 DIV 没有设置 position 属性，默认为 static 状态。插入 DIV 标签是在当前位置插入固定层，默认没有任何表现属性，绘制 AP DIV 是在当前位置插入可移动层，也就是说这个层是浮动的，可以根据他的 top 和 left 来规定这个层的显示位置，插入时有默认属性。二者没有本质上的区别，当 DIV 标签加上相应属性时可成为 AP DIV。

四、DIV 标签属性

（1）Float 属性。Float 属性定义元素在哪个方向浮动，是 DIV+CSS 布局中最基本也是最常用的属性，用于实现多列布局功能。默认时，<div> 标签一行只能显示一个，而使用 Float 属性可以实现一行显示多个 DIV 的功能。

语法：Float: right/left/inherit

> 注意：（1）使用 Float 属性设置一行有多个 DIV 后（多列），最好在下一行开始之前使用 Clear 属性（clear:both）清除一下浮动，否则上面的布局会影响到下面的 DIV，把一些 DIV 挤到页面的上方去。
>
> （2）使用 Float 属性时，要指定元素的 Width 属性，如未指定 Width 属性，很多浏览器在显示时会有 bug 产生。
>
> （3）使用 Float 属性设置一行有多个 DIV 时，Float 元素的宽度之和要小于 99%（如宽度之和正好为 100%，有些浏览器显示将不正常），不然布局可能错乱。

（2）Margin。Margin 属性定义元素周围的空间。通过使用单独的属性，可以对上、右、下、左的外边距进行设置。

如：① margin:10 px 5 px 15 px 20 px;表示上外边距是 10 px，右外边距是 5 px，下外边距是 15 px，左外边距是 20 px。

② margin:0 auto; 表示设置整个容器在浏览器中以水平居中显示。

（3）溢出（Overflow）。Overflow 属性控制当 AP 元素的内容超过 AP 元素的指定大小时，如何在浏览器中显示 AP 元素，有四种显示方式。

① Visible（可见）：定义溢出的内容部分为可见。

② Hidden（隐藏）：定义溢出的内容部分为隐藏。

③ Scroll（滚动）：浏览器中显示时，不管内容是否溢出，都在 AP 元素上添加滚动条。

④ Auto（自动）：浏览器中显示时，有内容溢出时，在 AP 元素上添加滚动条。

（4）可见性（Visibility）。设置层的可见性，有四个选项：

① Default：默认显示，为可见。

② Inherit：继承父元素的可见性。

③ Visible：定义显示层及其包含的内容（无论其父元素层是否可见）。

④ Hidden：定义隐藏层及其包含的内容（无论其父元素层是否可见）。

（5）Z 轴（Z-index）。Z 轴用来设置层堆叠的顺序，在浏览器中，编号较大的层出现在编号较小的层的前面。

（6）宽、高。指定层的宽度和高度。在浏览时，如果层的内容超过指定大小，如"溢出"设置为"可见"，则层的底边缘会延伸以容纳这些内容。如果"溢出"设置为"隐藏"，则层底边缘将不会延伸。

（7）背景颜色：设置层的背景颜色。

（8）背景图像：设置层的背景图像。

（9）剪辑。设置层的可视区域。通过上、下、左、右文本框设置可视区域与层边界的像素值。层经过"剪辑"后，只有指定的矩形区域才是可见的。

思考与练习

一、填空题

1. 在 Dreamweaver 中，层有两种：一种是_____，另一种是_____。

2. 层的标签是_____。

3. AP 元素的定位包括：_____和_____。

4. CSS 分层是利用_____标记构建的分层。

5. 要在一行上显示多列层，需要设置层的_____属性来实现。

6. 层的可见性属性值包括：_____、_____、_____、_____。

7. Z 轴用来设置层堆叠的顺序，在浏览器中，编号较大的层出现在编号较小的层的_____。

二、选择题

1. Z 轴确定层的堆叠顺序，下面显示在最前面的层是（　　）。

    A. Z=1　　　　　B. Z=2　　　　　C. Z=3　　　　　D. Z=4

2. 在制作 HTML 页面时，页面的布局技术主要分为（　　）。

    A. 框架布局　　　B. 表格布局　　　C. DIV 层布局　　　D. 以上全部选项

3. 在 Dreamweaver 中，下面关于建立新层的说法正确的是（　　）。

    A. 不能使用样式表建立新层

    B. 通过样式表建立新层，层的位置和形状不可以和其他样式因素组合在一起

    C. 通过样式表建立新层，层的样式可以保存到一个独立的文件中，可以供其他页面调用

    D. 以上说法都错

4. 使用样式表建立新层，下面关于位置的参数的说法错误的是（　　）。

    A. 它决定了层的基本属性设定

    B. 静态不能被定位，但可以被用来作为别的元素定位的依据

    C. 绝对定位，把浏览器左上角作为定位坐标的原点

    D. 相对定位可以相对于网页中的元素进行定位

5. CSS 分层是利用（　　）标记构建的分层。

    A.〈dir〉   B.〈div〉   C.〈dil〉   D.〈dif〉

三、简答题

1. 简述层的作用。

2. 简述 DIV 标签与 AP DIV 的区别。

四、实操练习

实训 1：运用 DIV+CSS 技术实现页面二分列布局。

实训描述：

运用 DIV+CSS 技术实现页面二分列布局，页面浏览效果如图 14-11 所示。

（1）最外的层宽 800 px，高 250 px，边框为 1 px，边框颜色为黑色，相对整个页面居中显示，左右两列层嵌套在最外的层中。

（2）左列层宽 350 px，高 200 px，层浮动左对齐，边框宽 1 px，边框颜色为红色，左边距 10 px，上边距为 20 px。

（3）右列层宽 400 px（注意：两个层的宽度和不能超过总宽度的 100%），高 150 px，层浮动右对齐，边框宽 1 px，边框颜色为绿色，右边距 10 px，上边距为 20 px。

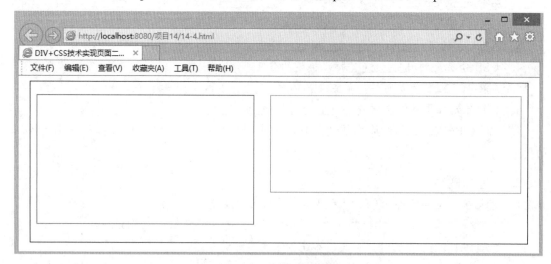

图 14-11　页面浏览效果图

各 DIV 标签样式参考如下所示：

```css
<style type="text/css">
/* 最外层总的 DIV 标签样式 */
#bigDiv{
    width:800px;
    height:250px;
    margin:0px auto;  /* 设置整个容器在浏览器中水平居中 */
    border: 1px solid #000;
    }

/* 左侧DIV 标签样式 */
#leftDiv {
    float:left;
    width: 350px;
    height: 200px;
    border: 1px solid #F00;/* 设置边框和边框颜色 */
    margin-left:10px;/* 设置左边距 */
    margin-top:20px;/* 设置上边距 */
}

/* 右侧DIV 标签样式 */
#rightDiv {
    float:right;
    width: 400px;
    height: 150px;
    border: 1px solid #0F0;
    margin-right:10px;
    margin-top:20px;
}
</style>
```

实训 2：DIV+CSS 页面布局综合应用。

实训描述：

利用 DIV+CSS 技术进行页面布局，实现图 14-12 所示的页面布局效果。

图 14-12　页面效果

各样式参考如下：

```
/* 页面背景图片样式 */
<style type="text/css">
body {
    background-image: url(images/bg.jpg);
    background-repeat: repeat-x;
    margin-top: 0px;
}

/* 超链接去下画线样式 */
a:link {
    text-decoration: none;
}
a:visited {
    text-decoration: none;
}
a:hover {
    text-decoration: none;
}
a:active {
    text-decoration: none;
}

/* 最外层总的 DIV 标签样式 */
#bigDiv{
    width:1070px;
    margin:0px auto;  /* 设置整个容器在浏览器中水平居中 */
    border: 1px solid #CCC;
    }

/* 用于头部背景图片和 FLASH 的 DIV 标签样式 */
#topDiv{
    height:190px;
    background:url(images/top.jpg);
    background-repeat: repeat-x;
    }

/* 用于菜单的 DIV 标签样式 */
#menuDiv{
    height:57px;
    }

/* 左侧导航外层 DIV 样式 */
#main_left{
    float:left;
    width:200px;
    }

/* 左侧导航样式 */
#main_left_Navigation{
    width: 200px;
    height: 40px;
    margin-top:10px;
    text-align: center;
    }
```

```
/* 主体显示 DIV 标签样式 */
#main_right{
    float:left;
    width:870px;
    height:auto;
    }

/* 页脚 DIV 标签样式 */
#foot{
     width: 1070px;
    height: 50px;
    line-height:50px;/* 设置文本垂直居中 */
    text-align: center;/* 设置文本水平居中 */
    border-top:1px solid #CCC;
    }

/* 浮动引起，可能下面的 DIV 会挤到页面上方，可以加上 clear: both 清除 */
.Clear{
    clear:both;
    }
</style>
```

💡 **提示**:"项目十二"页面用的是"表格"布局,本实训用的是"DIV+CSS"技术布局,大家对照两种布局方法想想各有什么特点。

项目十五

Spry 框架应用

学习目标

- ❑ 会插入 Spry 菜单栏。
- ❑ 会插入 Spry 选项卡式面板。
- ❑ 会插入 Spry 折叠式面板。
- ❑ 会插入 Spry 可折叠面板。

项目简介

通过对前一项目的学习，我们对 JavaScript 脚本有了一定的理解与认识，其实 Spry 框架是 Dreamweaver 内置的一组 JavaScript 脚本库，Web 设计人员使用它可以构建体验更丰富的 Web 页。有了 Spry，就可以使用 HTML、CSS 和极少量的 JavaScript 将 XML 数据合并到 HTML 文档中，可以创建构件（如菜单栏、可折叠面板等），可以向页面元素中添加不同种类的效果，从而丰富网页的交互性。本项目需要掌握 Spry 菜单栏、Spry 选项卡式面板、Spry 折叠式面板和 Spry 可折叠面板，能阅读 JavaScript 代码。

本项目需要完成的任务：

任务一　Spry 菜单栏应用。

任务二　Spry 选项卡式面板应用。

任务三　Spry 折叠式面板应用。

任务四　Spry 可折叠面板应用。

项目实施

任务一　Spry 菜单栏应用

一、任务描述

Spry 菜单栏是用来创建一组可导航的菜单按钮，当鼠标移动到其中的某个按钮上时，会显示相应的子菜单。本任务需要掌握 Spry 菜单栏的插入、属性设置、样式修改等操作。任务要求如下。

在"WebTest\项目 15"文件夹中新建 15-1.html 文档，在页面中使用 Spry 菜单栏，并实现图 15-1 所示的页面效果。

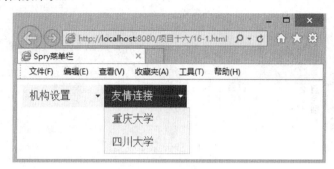

图 15-1　15-1.html 页面浏览效果图

二、任务实施

1. 新建文档

新建 1-1.html 文档，并保存到"WebTest/ 项目 15"文件夹中。

2. 插入 Spry 菜单栏

在 15-1.html 文档的"设计"视图中，把光标定位到页面的第一行位置→单击"插入"菜单→在"布局对象"中选择"Spry 菜单栏"，弹出"Spry 菜单栏"对话框，如图 15-2 所示→菜单布局选择"水平"→单击"确定"按钮→页面生成图 15-3 所示的菜单结构。

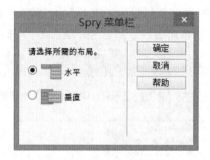

图 15-2　Spry 菜单栏

图 15-3　页面菜单结构

3. 配置"机构设置"菜单

选中"Spry 菜单栏"→在图 15-4 所示的"属性"面板中选中"项目 1"，在"文本"中输入"机构设置"→选中"项目 1.1"，在"文本"中输入"信息工程学院"，"链接"中输入 http://xgxy.cswu.cn；选中"项目 1.2"，在"文本"中输入"电子工程学院"，"链接"中输入

http://dzgc.cswu.cn；选中"项目 1.3"，在"文本"中输入"财经学院"，"链接"中输入 http://cmxy.cswu.cn/cmxy/；如还有院系，单击二级项目上的"+"按钮添加项目，按上述方法继续设置。

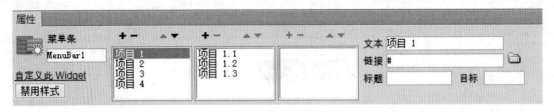

图 15-4　Spry 菜单栏属性

4. 设置"友情连接"菜单

选中"Spry 菜单栏"→在"属性"面板中选中"项目 2"，在"文本"中输入"友情连接"→ 在二级项目中单击"+"按钮添加项目，在"文本"中输入"重庆大学"，"链接"中输入 http://www.cqu.edu.cn/；继续单击"+"按钮添加项目，在"文本"中输入"四川大学"，"链接"中输入 http://www.scu.edu.cn/。

5. 删除默认生成的多余项目

选中"Spry 菜单栏"，在"属性"面板中选中"项目 3"，单击"-"按钮删除；选中"项目 4"，单击"-"按钮删除。

6. 保存文档

保存文档时会弹出图 15-5 所示"复制相关文件"对话框，单击"确定"按钮（自动保存生成的 JavaScript 文件、样式文件和图片文件到 SpryAssets 文件夹中）。

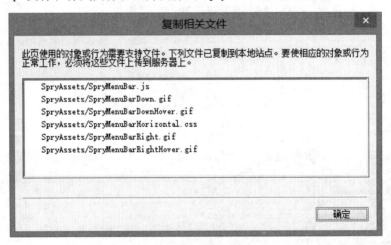

图 15-5　"复制相关文件"对话框

7. 保存网页，按【F12】键在浏览器中浏览效果。

提示：（1）页面文档参考"WebTest／项目 15/15-1.html"。

（2）生成的脚本文件和样式文件参考光盘"WebTest／项目 15/WebTest/SpryAssets"。

（3）在"属性"面板中，"+"按钮表示添加项目，"-"按钮表示删除选定的项目，上下三角形按钮表示项目前移后移来排序。

（4）在插入 spry 构件前，必须先保存页面，否则会弹出保存文件的提示对话框，插入 Spry 菜单后保存页面，会自动保存生成的 JavaScript 文件和图片文件到 SpryAssets 文件夹中。

（5）选中菜单栏中的某一个菜单如"机构设置"，在"属性"面板中可对其进行个性化设置，如图 10-6 所示，也可打开生成的 CSS 文件进行样式编辑。

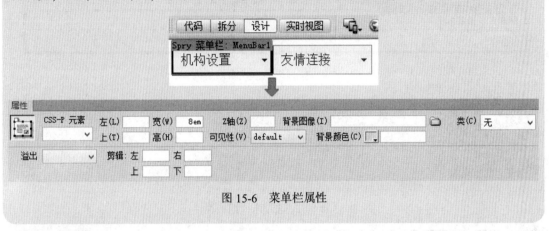

图 15-6　菜单栏属性

任务二　Spry 选项卡式面板应用

一、任务描述

Spry 选项卡式面板是一组面板，用来将内容放置在紧凑的空间中，可以单击要访问的选项卡来显示或隐藏选项卡面板中的内容。本任务需要掌握 Spry 选项卡式面板的插入、属性设置、样式修改等操作。任务要求如下。

在"WebTest\ 项目 15"文件夹中新建 15-2.html 文档，在页面中使用 Spry 选项卡式面板，并实现图 15-7 所示的页面效果。当单击不同选择卡时，自动显示选定选项卡对应信息。

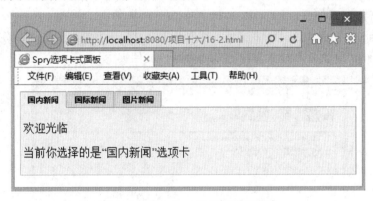

图 15-7　15-2.html 页面浏览效果图

二、任务实施

1. 新建文档

新建 15-2.html 文档，并保存到"WebTest/ 项目 15"文件夹中。

2. 插入 Spry 选项卡式面板

在 15-2.html 文档的"设计"视图中,把光标定位到页面的第一行→单击"插入"菜单→在"布局对象"中选择"Spry 选项卡式面板",在页面生成图 15-8 所示的 Spry 选项卡式面板,Spry 选项卡式面板属性如图 15-9 所示,通过"+"、"–"来添加或删除选项。

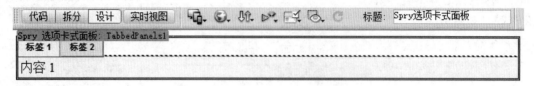

图 15-8　Spry 选项卡式面板结构

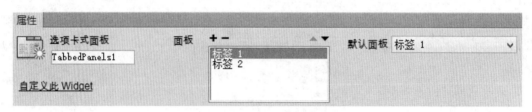

图 15-9　Spry 选项卡式面板属性

3. 修改"标签"名并在"内容"中录入信息

单击图 15-10 所示"眼睛"图标,可编辑该选项卡信息和面板内容(将鼠标指针放在未激活的选项卡上会显示"眼睛"图片)→按图 15-7 页面浏览效果图修改选项卡信息并在内容中录入相关信息。

图 15-10　激活标签

4. 保存文档

当保存文档时,会弹出图 15-11 所示"复制相关文件"对话框,单击"确定"按钮(自动保存生成的 JavaScript 文件和样式文件到 SpryAssets 文件夹中)。

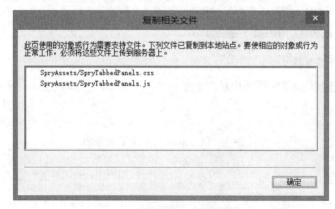

图 15-11　"复制相关文件"对话框

5. 保存网页，按【F12】键在浏览器中浏览效果

> 💡 提示：（1）页面文档参考"WebTest / 项目 15/15-2.html"。
> （2）生成的脚本文件和样式文件参考光盘"WebTest / 项目 15/WebTest/SpryAssets"

任务三 Spry 折叠式面板应用

一、任务描述

Spry 折叠式面板是一组可折叠的面板，用来将大量内容放置在紧凑的空间中，当单击不同的选项卡时，折叠式面板会做相应的展开或收缩操作。本任务需要掌握 Spry 折叠式面板的插入、属性设置、样式修改等操作。任务要求如下。

（1）在"WebTest\ 项目 15"文件夹中新建 15-3.html 文档。

（2）在页面中使用 Spry 选项卡式面板，并实现图 15-12 所示的页面效果，当单击不同面板时，自动显示选定面板对应信息。

（3）要求修改 CSS 样式文件（SpryAccordion.css），将 Spry 折叠式面板的内容面板样式（class="AccordionPanelContent"）的高设置为 100 px。

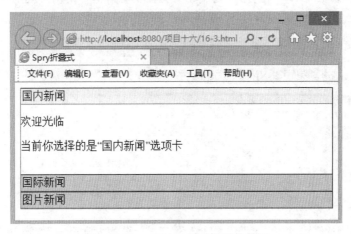

图 15-12   15-2.html 页面浏览效果图

二、任务实施

1. 新建文档

新建 15-3.html 文档，并保存到"WebTest/ 项目 15"文件夹中。

2. 插入 Spry 折叠式面板

在 15-3.html 文档的"设计"视图中，把光标定位到页面的第一行位置→单击"插入"菜单→在"布局对象"中选择"Spry 折叠式"，在页面生成图 15-13 所示的 Spry 折叠式面板，其属性如图 15-14 所示，通过"+"、"–"来添加或删除选项。

3. 修改"标签"名并在"内容"中录入信息

将鼠标指针放在"标签"上，会显示"眼睛"图标，单击"眼睛"图标可编辑该选项卡信息和面板内容→按图 15-12 所示页面浏览效果图修改选项卡信息并在内容中录入相关信息。

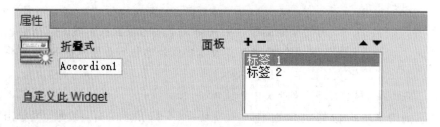

图 15-13　Spry 折叠式面板结构

图 15-14　Spry 折叠式面板属性

4. 保存文档

保存文档时会弹出图 15-15 所示"复制相关文件"对话框，单击"确定"按钮（自动保存生成的 JavaScript 文件和样式文件到 SpryAssets 文件夹中）。

图 15-15　"复制相关文件"对话框

5. 设置样式

切换到"代码"视图→从代码中获知样式文件为 SpryAccordion.css（在代码中找到：<link href="SpryAssets/SpryAccordion.css" rel="stylesheet" type="text/css" />）→由代码：

```
<div class="AccordionPanelContent">
    <p> 欢迎光临 </p>
    <p> 当前你选择的是 " 国内新闻 " 选项卡 </p>
</div>
```

可知引用的样式为 class="AccordionPanelContent" → 打开样式文件 SpryAssets/SpryAccordion.css →在样式文档中单击"编辑"中的"查找与替换"按钮→在"查找"框中输入"AccordionPanelContent"，单击"查找下一个"按钮找到样式→把 height: 200px; 改成 height: 100px; →保存样式文档。

```
.AccordionPanelContent {
    overflow: auto;
    margin: 0px;
    padding: 0px;
    height: 200px;
}
```

6. 保存网页，按【F12】键在浏览器中浏览效果

💡 提示：（1）页面文档参考"WebTest / 项目 15/15-3.html"。

（2）生成的脚本文件和样式文件参考"WebTest / 项目 15/WebTest/SpryAssets"。

任务四　Spry 可折叠面板应用

一、任务描述

Spry 可折叠面板是一个面板，单击面板时会显示或隐藏面板中的内容。本任务需要掌握 Spry 可折叠面板的插入、属性设置、样式修改等操作。任务要求如下。

（1）在"WebTest\ 项目 15"文件夹中新建 15-4.html 文档。

（2）在页面中使用 Spry 可折叠面板，并实现图 15-16 所示的页面效果，当单击面板时实现面板信息的交替显示与隐藏功能。

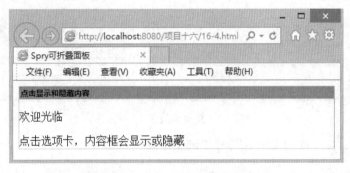

图 15-16　15-4.html 页面浏览效果图

二、任务实施

1. 新建文档

新建 15-4.html 文档，并保存到"WebTest/ 项目 15"文件夹中。

2. 插入 Spry 可折叠面板

在 15-4.html 文档的"设计"视图中，把光标定位到页面的第一行→单击"插入"菜单→在"布局对象"中选择"Spry 可折叠面板"，在页面生成图 15-17 所示的 Spry 可折叠面板，其属性如图 15-18 所示。

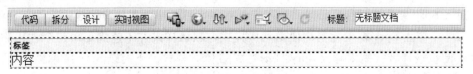

图 15-17　Spry 可折叠面板

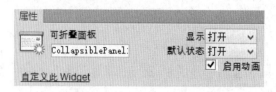

图 15-18　Spry 可折叠面板属性

3. 修改"标签"名并在"内容"中录入信息

将鼠标指针放在"标签"上，会显示"眼睛"图标（当"眼睛"处于"闭眼"时可编辑该面板选项卡信息和面板内容）。按 15-4.html 页面浏览效果图修改标签显示信息并在内容中录入相关信息。

4. 保存文档

当保存文档时，会弹出图 15-19 所示"复制相关文件"对话框，单击"确定"按钮（自动保存生成的 JavaScript 文件和图片文件到 SpryAssets 文件夹中）。

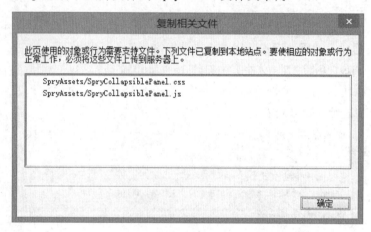

图 15-19　"复制相关文件"对话框

5. 保存网页，按【F12】键在浏览器中浏览效果。

> 提示：页面文档参考"WebTest / 项目 15/15-4.html"。

思考：（1）在属性中，"显示"和"默认状态"选择不同值时，页面浏览时面板的显示状态有何变化？

（2）Spry 折叠式与 Spry 可折叠面板的区别？

知识拓展

一、编辑 Spry 控件样式

在插入 Spry 菜单栏保存页面时，会在 SpryAssets 目录中创建相应的样式文件。在前面的任务实践中，应用 Spry 框架元素均使用默认样式，默认样式并不能满足用户个性化的需要。这就需要网页设计者按需求修改 Spry 自动生成的 CSS 样式。下面以 Spry 菜单栏为例，讲解菜单样式文件 SpryMenuBarHorizontal.cs 的一些主要样式修改。

1. 更改菜单宽度样式（见表 15-1）

表 15-1　更改菜单宽度样式

要更改的 CSS 样式	垂直或水平 Spry 菜单栏的 CSS 规则	相关属性和默认值
菜单栏的最外层容器宽度	ul.MenuBarVertical ul.MenuBarHorizontal	width: auto;
父菜单项尺寸	ul.MenuBarVertical li ul.MenuBarHorizontal li	width: 8em;
子菜单项尺寸	ul.MenuBarVertical ul ul.MenuBarHorizontal ul	width: 8.2em;

2. 更改菜单项的文本样式（见表 15-2）

表 15-2　更改菜单项的文本样式

要更改的 CSS 样式	垂直或水平 Spry 菜单栏的 CSS 规则	相关属性和默认值
默认文本	ul.MenuBarVertical a ul.MenuBarHorizontal a	color: #333; text-decoration: none;
当鼠标指针移到文本上方时文本的颜色	ul.MenuBarVertical a:hover ul.MenuBarHorizontal a:hover	color: #FFF;
具有焦点的文本颜色	ul.MenuBarVertical a:focus ul.MenuBarHorizontal a:focus	color: #FFF;
当鼠标指针移到菜单项上方时，文本的颜色	ul.MenuBarVertical a.MenuBarItemHover ul.MenuBarHorizontal a.MenuBarItemHover	color: #FFF;
当鼠标指针移到子菜单项上方时，文本的颜色	ul.MenuBarVertical a.MenuBarItemSubmenuHover ul.MenuBarHorizontal a.MenuBarItemSubmenuHover	color: #FFF;

3. 更改菜单项背景颜色（见表 15-3）

表 15-3　更改菜单项背景颜色

要更改的 CSS 样式	垂直或水平 Spry 菜单栏的 CSS 规则	相关属性和默认值
默认背景	ul.MenuBarVertical a ul.MenuBarHorizontal a	background-color: #EEE;
当鼠标指针移到文本上方时背景的颜色	ul.MenuBarVertical a:hover ul.MenuBarHorizontal a:hover	background-color: #33C;
具有焦点的菜单项背景颜色	ul.MenuBarVertical a:focus ul.MenuBarHorizontal a:focus	background-color: #33C;
当鼠标指针移到菜单项上方时菜单项的背景颜色	ul.MenuBarVertical a.MenuBarItemHover ul.MenuBarHorizontal a.MenuBarItemHover	background-color: #33C;
当鼠标指针移到子菜单项上方时子菜单项背景的颜色	ul.MenuBarVertical a.MenuBarItemSubmenuHover ul.MenuBarHorizontal a.MenuBarItemSubmenuHover	color: #FFF;

　　Spry 框架元素的更多样式请读者上网搜索整理。请读者自行练习修改前面"任务实践"中和各项目需求中的样式，并对页面进行美化。

二、Spry 框架验证表单控件

表单验证是为了保证表单采集信息的有效性而采取的验证措施。网站后台在接收用户提交的数据时，这些数据格式、数据类型符不符合 Web 设计人员预先设计的要求呢？这就需要在写入数据库前进行验证，符合要求的通过，不符合要求的则给用户提示错误信息并返回重新填写。一些简单的验证可以通过编写代码来实现，但是复杂的数据验证如果也由 Web 设计人员编写代码来实现的话，开发效率会降低，并且数据验证的正确性也会因人而异。Dreamweaver 为人们提供了 Spry 框架实现表单的验证功能，Web 设计人员使用它可以大大提高网页的开发效率。

进行表单验证可以在客户端上验证（使用 JavaScript 语言），也可在服务器上验证（使用服务器脚本语言），Spry 框架验证表单控件会自动生成 JavaScript 脚本，是客户端验证模式。

插入 Spry 表单验证控件的方法如下：

在"插入"菜单下，选择 Spry(s)，弹出图 15-20 所示子菜单，可以选择表单验证类型。在"属性"面板中进行配置，Dreamweaver 会自动生成脚本和样式。

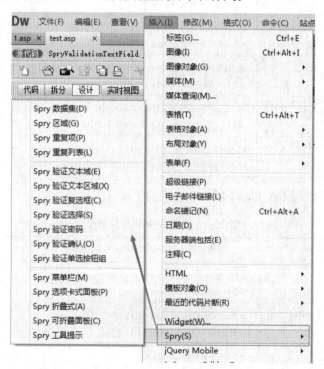

图 15-20　Spry(s) 菜单选项

下面以"Spry 验证文本域"为例进行讲解。

1. 插入 Spry 验证文本域

把光标定位在需要插入"Spry 验证文本域"控件的地方，在"插入"菜单下，选择 Spry(s) 中的"Spry 验证文本域"，弹出图 15-21 所示对话框，填入相关信息后，单击"确定"按钮，在页面中选中"Spry 验证文本域"，在图 15-22 所示的"属性"面板中进行设置。

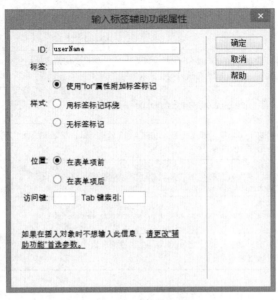

图 15-21 "输入标签辅助功能属性"对话框

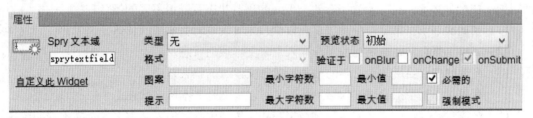

图 15-22 Spry 验证文本域属性面板

2. 属性介绍

1）类型与格式（见表 15-4）

表 15-4 Spry 验证类型与格式

验证类型	格 式
无	无须特殊格式
整数	只接受数字
电子邮件地址	接受包含 @ 和 . 的电子邮件地址，而且 @ 和 . 的前面和后面都必须至少有一个字母
日期	格式可变。可以从属性检查器的"格式"弹出菜单中进行选择
时间	格式可变。可以从属性检查器的"格式"弹出菜单中进行选择。（"tt"表示 am/pm 格式，"t"表示 a/p 格式。）
信用卡	格式可变。可以从属性检查器的"格式"弹出菜单中进行选择。您可以选取接受所有信用卡，或者指定某种特殊类型的信用卡（MasterCard、Visa，等）。文本域不接受包含空格的信用卡号，例如 1234 5678 9123 4567
邮政编码	格式可变。可以从属性检查器的"格式"弹出菜单中进行选择
电话号码	文本域接受美国和加拿大格式（即，(000) 000-0000）或自定义格式的电话号码。如果选择自定义格式，需在"模式"文本框中输入格式

验证类型	格　式
社会安全号码	文本域接受 000-00-0000 格式的社会安全号码。如果要使用其他格式，选择"自定义"作为验证类型，然后指定模式。模式验证机制只接受 ASCII 字符
货币	文本域接受 1,000,000.00 或 1.000.000,00 格式的货币
实数 / 科学记数法	验证各种数字：整数（如 1）、浮点值（如 12.123）、以科学记数法表示的浮点值（如 1.212e+12、1.221e-12，其中 e 用作 10 的幂。）
IP 地址	格式可变。可以从属性检查器的"格式"弹出菜单中进行选择
URL	文本域接受 http://xxx.xxx.xxx 或 ftp://xxx.xxx.xxx 格式的 URL
自定义	可用于指定自定义验证类型和格式。在属性检查器中输入格式模式（并根据需要输入提示）。模式验证机制只接受 ASCII 字符。

2）预览状态

文本域的属性设置不同时，"预览状态"下的选项也不一样，默认状态下，"预览状态"包括四种：初始、必填、格式无效和有效。不同的预览状态可以用不同的颜色标志。

（1）初始状态：在浏览器中加载页面或用户重置表单时文本域的状态。

（2）必填（焦点）状态：当放置在插入点时文本域的状态。

（3）无效状态：当所输入文本的格式无效时文本域的状态。

（4）有效状态：当正确地输入信息且表单可以提交时文本域的状态。

（5）必需状态（勾选"必需的"）：当用户在文本域中没有输入必需文本时文本域的状态。

（6）最小字符数状态（填写了"最小字符数"）：当用户输入的字符数少于文本域所要求的最小字符数时文本域的状态。

（7）最大字符数状态（填写了"最大字符数"）：当用户输入的字符数多于文本域所允许的最大字符数时文本域的状态。

（8）最小值状态（填写了"最小值"）：当用户输入的值小于文本域所需的值时文本域的状态。（适用于整数、实数和数据类型验证）

（9）最大值状态（填写了"最大值"）：当用户输入的值大于文本域所允许的最大值时文本域的状态。（适用于整数、实数和数据类型验证）

3）验证域

验证域：用于设置什么事件激发验证。

（1）onBlur 事件会在对象失去焦点时发生。

（2）onChange 事件会在域的内容改变时发生。

（3）onSubmit 事件会在表单中的"确认"按钮被单击时发生。

> 注意：onBlur 和 onChange 可以由设计人员指定，onSubmit 为系统选定，不能修改。即如果设计人员没指定 onBlur 和 onChange 事件，所有的验证将在数据提交时验证。

4）最小字符数与最小字符数据

指定文本域接收的字符个数的范围。此选项仅适用于"无"、"整数"、"电子邮件地址"和"URL"验证类型。

5）最小值与最大值

指定文本域接收的数据的取值范围，此选项仅适用于"整数"、"时间"、"货币"和"实数 / 科学记数法"验证类型。

6）必需的

控制证文本域为必填项，如不填则通不过。

7）强制模式

禁止用户在验证文本域构件中输入无效字符。例如，选择"整数"验证类型时，勾选"强制模式"，则当用户尝试输入字母时，文本域中将不显示任何内容。

三、脚本与样式

在插入"spry 验证文本域"后，保存页面时会弹出"复制相关文件"的对话框，Dreamweaver 自动生成 JS 脚本与 CSS 样式，JS 文件参照：SpryAssets/ SpryValidationTextField. js，样式文件参照：SpryAssets/ SpryValidationTextField.css，网页设计者可对样式文件进行编辑以满足网页设计的需要。

思考与练习

一、填空题

1. Spry 框架是 Deamweaver 内置的一组＿＿＿＿＿＿脚本库。
2. Spry 框架提供了 4 个布局对象：＿＿＿＿＿、＿＿＿＿＿、＿＿＿＿＿、＿＿＿＿＿。
3. Spry 框架中能实现菜单功能的是＿＿＿＿＿。

二、简答题

1. 列举 Spry 验证表单对象。
2. 简述 Spry 的作用。

三、实操练习

实训 1：Spry 框架布局应用。

实训描述：

1. 要求使用 DIV+CSS 进行整体页面布局。
2. 应用 Spry 菜单栏，制作下拉菜单，如图 15-23 所示。

图 15-23　下拉菜单

3. 应用 Spry 可折叠面板，制作"前言"面板，默认状态为"关闭"。
4. 应用 Spry 选项卡式面板，制作图 15-24 所示的面板。
5. 最终实现图 15-25 所示的页面浏览效果。

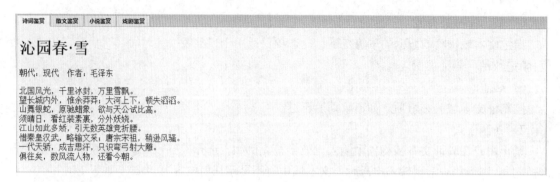

图 15-24　应用 Spry 选项卡式面板信息

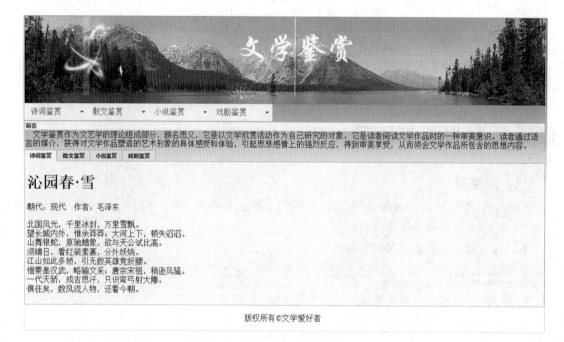

图 15-25　页面浏览效果

实训 2：Spry 框架验证表单控件应用。

实训描述：

1. 制作图 15-26 所示的"用户注册"页面。

图 15-26　"用户注册"设计页面

2. 用户名。使用"Spry 验证文本域"，要求：①最小字符 5 个，最大字符 10 个；② onBlur 事件激发验证；③必填，"预览状态"中"必填"的提示信息为"用户名必填"，其他"预览状态"提示信息默认。

3. 密码。使用"Spry 验证密码",要求:①最小字符数为 8 个,最小数字数为 3;② onBlur 事件激发验证;③必填,"预览状态"中各提示信息默认。

4. 性别。使用"Spry 验证单选按钮组",要求:未选择时的提示信息为"必须二选一"。

5. 年龄。使用"Spry 验证文本域",要求:①"格式"为整数;②最小值为 1,最大值为 100;③ onBlur 事件激发验证;④必填,"预览状态"中各提示信息默认。

6. 学历。使用"Spry 验证选择",要求:①不允许空值(即列表值不能为空);② onBlur 事件激发验证,"预览状态"中各提示信息默认。

7. 爱好。使用"Spry 验证复选框",要求:①"实施范围"中"最小选择数"为 1,"最大选择数"为 2;② onBlur 事件激发验证,"预览状态"中各提示信息默认。

> 💡提示:Spry 框架中没有"Spry 验证复选框组",如要对复选框组进行验证(如最小和最大选择验证),可在代码中复制复选框按钮代码,保证 name 属性一样即为一组复选框,但 ID 属性不能重名。

通过上面的设计,页面浏览时,如没有按项目需求填写数据,提交不会通过,效果如图 15-27 所示。

> 💡提示:各验证控件生成的 js 脚本和 CSS 样式文件保存在 SpryAssets 文件夹中,打开页面的"代码视图",可看到文件的引用,如图 15-28 所示。

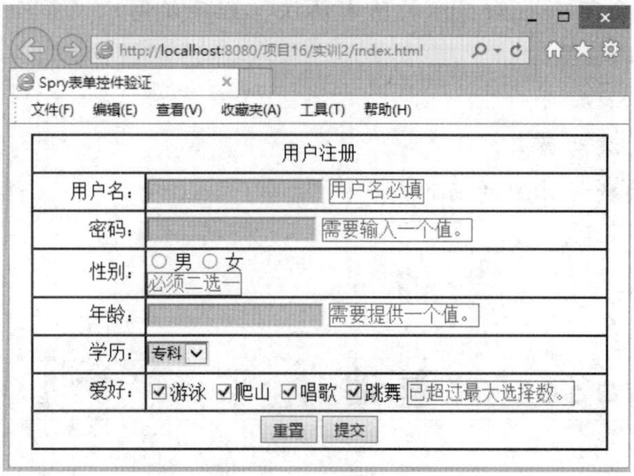

图 15-27　页面浏览效果图

```
6   <script src="../SpryAssets/SpryValidationTextField.js" type="text/javascript"></script>
7   <script src="../SpryAssets/SpryValidationPassword.js" type="text/javascript"></script>
8   <script src="../SpryAssets/SpryValidationRadio.js" type="text/javascript"></script>
9   <script src="../SpryAssets/SpryValidationSelect.js" type="text/javascript"></script>
10  <script src="../SpryAssets/SpryValidationCheckbox.js" type="text/javascript"></script>
11  <link href="../SpryAssets/SpryValidationTextField.css" rel="stylesheet" type="text/css" />
12  <link href="../SpryAssets/SpryValidationPassword.css" rel="stylesheet" type="text/css" />
13  <link href="../SpryAssets/SpryValidationRadio.css" rel="stylesheet" type="text/css" />
14  <link href="../SpryAssets/SpryValidationSelect.css" rel="stylesheet" type="text/css" />
15  <link href="../SpryAssets/SpryValidationCheckbox.css" rel="stylesheet" type="text/css" />
```

图 15-28　JS 和 CSS 文件引用

项目十六

JavaScript 应用

学习目标

❏ 了解 JavaScript 基本语法。

❏ 会用 JavaScript 编写程序。

❏ 会用 JavaScript 制作页面特效。

项目简介

JavaScript 是一种解释型的 Web 编程语言，可以制作炫酷的网页特效，能为网页添加各式各样的动态功能，为用户提供优美的浏览效果，因此 JavaScript 被广泛用于 Web 应用开发。本项目主要介绍 JavaScript 的基本语法，程序编写以及页面动态效果制作。

本项目需要完成的任务：

任务一 JavaScript 基础。

任务二 制作图片滚动效果。

任务三 自定义函数计算圆的面积。

项目实施

任务一 JavaScript 基础

一、任务描述

本任务要求读者掌握 JavaScript 基本语法，会用 JavaScript 进行 Web 编程，达到理解并掌握 JavaScript 语言的目的。

二、任务实施

1. JavaScript 用法

HTML 中的 JavaScript 脚本必须位于 `<script>` 与 `</script>` 标签之间。脚本可被放置在网页的任意位置，但一般放在 HTML 页面的 `<body>` 和 `<head>` 部分中。

示例：在 `<head>` 标签中嵌入 JavaScript 脚本，弹出一个信息框，显示"第一个 javascript"。

代码如下：

```
<!doctype html>
<html>
<head>
<meta charset="utf-8">
<title>第一个 javascript</title>
    <script>
        alert("第一个 javascript")
    </script>
</head>
<body>
</body>
</html>
```

2. JavaScript 语法基础

1）JavaScript 输出

JavaScript 没有打印或输出的函数，JavaScript 显示数据可以使用以下几种方式：

（1）使用 window.alert() 弹出警告框，如：

```
<script>
    window.alert("hello world!");
</script>
```

> 💡 提示：一般可以省略 window，直接用函数 alert()。

（2）使用 document.write() 方法将内容写入 HTML 文档中，如：

```
<script>
    document.write("hello world!");
</script>
```

（3）使用 innerHTML 写入 HTML 元素，如：

```
<body>
    <p id="demo">hello TOM!</p>
    <script>
        document.getElementById("demo").innerHTML = "bye TOM!";
    </script>
</body>
```

（4）使用 console.log() 写入浏览器的控制台，如：

```
<script>
    document.write("hello world!");
</script>
```

2）JavaScript 语句

JavaScript 语句是发给浏览器的命令，JavaScript 语句之间用分号分隔，如：

```
<script>
    str="hello";
    a=5+6;
    b=a;
</script>
```

3）JavaScript 变量

变量是用于存储信息的，可用 var 关键词来声明变量，变量声明后默认是空的即没有值，可使用等号给变量赋值。

> 🔎 **注意**：变量必须以字母、$ 或 _ 符号开头，变量名称对大小写敏感，即 A 和 a 是不同的变量。

如：

```
<script>
    var str="hello";
    var a=5+6;
    var b;
    b=a;
</script>
```

> 🔎 **提示**：javascript 变量可以不用 var 声明，可以直接赋值，但我们应养成变量先声明后使用的编程习惯。

4）JavaScript 注释

注释不会执行，但注释可提高代码的可读性。JavaScript 中的注释分为单行注释和多行注释。单行注释以 // 开头。多行注释以 /* 开始，以 */ 结尾。注释在代码中一般是以灰色显示。如：

```
<script>
    var a;
    a=10;// 单行注释：给变量 a 赋值 10
    /*
    多行注释
    代码的功能是：
    1. 定义变量 a
    2. 给变量 a 赋值 10
    */
</script>
```

5）JavaScript 数据类型

JavaScrip 有 9 种数据类型：字符串（String）、数字 (Number)、布尔 (Boolean)、对空（Null）、未定义（Undefined）、Symbol、对象 (Object)、数组 (Array)、函数 (Function)。JavaScript 拥有动态类型。表示相同变量可用作不同类型，即变量类型可根据所存值而变化。如：

```
<script>
var x;                                      // 当前 x 为 undefined
var x = 10;                                 // 当前 x 为数字
var x = " 李小明 ";                          // 当前 x 为字符串
var x = [" 张霞 ", " 李红 ", " 王强 "];       // 当前 x 为数组
var x = {firstName:" 李 ", lastName:" 小明 "};  // 当前 x 对象
</script>
```

6）JavaScript 运算符

（1）JavaScript 算术运算符如表 16-1 所示。

表 16-1　JavaScript 算术运算符

运算符	描　　述	例　　子	结　　果
+	加法	a=5+5	10
-	减法	a=10-5	5
*	乘法	a=15*3	45

运算符	描　述	例　子	结　果
/	除法	a=15/3	5
%	取模（余数）	a=16%3	1
++	自增	a=10;a=a++ 或 a=++a	11
--	自减	a=10;a=a--或 a=--a	9

（2）JavaScript 赋值运算符如表 16-2 所示（给定 a 的值为 10）。

表 16-2　JavaScript 赋值运算符

运算符	例　子	等同于	结　果
=	a=5		a=5
+=	a+=2	a=a+2	a=12
-=	a-=2	a=a-2	a=8
*=	a*=2	a=a*2	a=20
/=	a/=2	a=a/2	a=5
%=	a%=2	a=a%2	a=0

7）JavaScript 比较运算符

比较运算符一般在逻辑语句中使用，以测定变量或值是否相等。比较运算符运算结果为 true 或者 false。

JavaScript 比较运算符如表 16-3 所示（给定 a 的值为 10）。

表 16-3　JavaScript 赋值运算符

运算符	描　述	比　较	结　果
==	等于	a==10	true
		a==5	false
===	绝对等于（值和类型均相等）	a===10	true
		a==="10"	false
!=	不等于	a!=5	true
		a!=10	false
!==	不绝对等于（值和类型有一个不相等，或两个都不相等）	a!== "5"	true
		a!==5	false
>	大于	a>5	true
		a>10	false
<	小于	a<20	true
		a<5	false
>=	大于或等于	a>=10	true
		a>=20	false
<=	小于或等于	a<=10	true
		a<=8	false

8）JavaScrip 逻辑运算符

逻辑运算符用于连接变量或值之间的逻辑，即把语句连接成更复杂的复杂语句。运算符运算结果为 true 或者 false。JavaScript 逻辑运算符如表 16-4 所示（给定 x=10,y=15）。

表 16-4　JavaScript 逻辑运算符

运算符	描　述	例　子	结　果
&&	并且（And），连接两边的条件均为真时，结果为 true，其他均为 false	x<=10 && y>10	true
		x>10 && y<20	false
‖	或者（or），连接两边的条件同为真或有一个为真时，结果为 true，条件均为假时结果为 false	x>10 ‖ y<20	true
		x>10 ‖ y>20	false
!	取反（not），当原条件为真时，结果为 false，当原条件为假时，结果为 true	!(x==y)	true
		!(x<y)	false

9）条件运算符

条件运算是一个三目运算，语法格式如下：

（条件）? 值 1: 值 2

说明：到条件为真时返加值 1，为假时返回值 2。

示例：如果 xb 的值为"男"，则输出"男"，否则输出"女"。

```
<script>
    var xb=" 男 ";
    document.write((xb==" 男 ")?" 男 ":" 女 ");
</script>
```

结果输出男。

10）JavaScript 条件语句

在 JavaScript 中，可使用以下条件语句：

（1）if 语句。

语法：

```
if （条件）
{
    代码块
}
```

只有当条件为 true 时，代码块才会执行代码。

示例：比较 x 和 y 的值，当 x 小于 y 时，把 y 的值赋给 x。

```
<script>
    var x=10;
    var y=20;
    if(x<y)
    {x=y;
    }
</script>
```

结果为把 y 的值赋给 x。

（2）if...else 语句。

语法：

```
if （条件）
{
    代码块 1
}
else
```

```
{
    代码块 2
}
```

当条件为 true 时执行代码块 1，当条件为 false 时执行代码块 2。

示例：比较 x 和 y 的值，如 x 小于 y，则把 y 的值赋给 x，否则把 x 的值赋给 y。

```
<script>
    var x=10;
    var y=20;
    if(x<y)
      {x=y;
      }
    else
      {y=x
      }
</script>
```

（3）if...else if....else 语句。

语法：

```
if (条件 1)
{
    代码块 1
}
else if (条件 2)
{
    代码块 2
}
else
{
    代码块 3
}
```

示例：根据成绩判断等级。

```
<script>
    var score=78;
    var jg="";
    if(score>=90)
      {jg=" 优秀 "
      }
    else if(score>=80 && score<90)
      { jg=" 良好 "
      }
    else if(score>=70 && score<80)
      { jg=" 中等 "
      }
    else if(score>=60 && score<70)
      {jg=" 及格 "
      }
    else
      {jg=" 不及格 "
      }
    document.write(jg)
</script>
```

结果输出中等。

使用 if....else if...else 语句来选择多个代码块之一来执行。

（4）switch 语句。

语法：

```
switch(n)
{   case 1:
        代码块 1
        break;
    case 2:
        代码块 2
        break;
    default:
        其他代码块
}
```

switch 语句用于基于不同的条件来执行不同的代码块。

示例：根据系统日期判断今天是星期几。

```
<script>
var d=new Date().getDay();
    switch (d)
    {   case 0:x=" 今天是星期日 ";
        break;
        case 1:x=" 今天是星期一 ";
        break;
        case 2:x=" 今天是星期二 ";
        break;
        case 3:x=" 今天是星期三 ";
        break;
        case 4:x=" 今天是星期四 ";
        break;
        case 5:x=" 今天是星期五 ";
        break;
        case 6:x=" 今天是星期六 ";
        break;
        default: x=" 日期错误 ";
    }
    document.write(x);
    </script>
```

根据运行时的计算机系统时间进行判断，如运行日期是 2021 年 4 月 10 日，则运行结果为：今天是星期六。

11）JavaScript 循环语句

循环语句可以将代码块按指定的次数进行执行。JavaScript 支持多种不同类型的循环。

（1）for 循环。

语法：

```
for(语句1; 语句2; 语句3)
{
    代码块
}
```

说明：语句 1 为循环条件初始值，语句 2 为循环条件，语句 3 为修改循环条件，当语句 2 的条件为 true 时，会重复执行循环体中的代码块。

示例：输出 1 到 100 之间的所有整数。

```
<script>
    for (var i=1; i<=100; i++)
    {document.write(i + "<br>");
    }
    </script>
```

（2）for/in 循环。

循环遍历对象或数据中的值。

示例：遍历 person 对象中的所有值。

```
<script>
    var person = {firstName:"张", lastName:"三"};    // 定义对象
    for (x in person)   // x为属性名
      {name=name + person[x];
      }
    document.write(name);
</script>
```

示例：遍历 xm 数组中的所有值。

```
<script>
    var xm = ["张三", "李四", "王五"];    // 定义数组
    for (x in xm)   // x 为数组下标值
    {document.write(xm[x] + "<br>");
    }
</script>
```

（3）while 循环。

语法：

```
while (条件)
{ 代码块
}
```

说明：当条件为 true 时，会重复执行循环体中的代码块。

示例：输出 1 到 100 之间的所有整数。

```
<script>
  i=1;
  while(i<=100)
    { document.write(i + "<br>");
      i++;
    }
</script>
```

（4）do/while 循环。

语法：

```
do
{
    需要执行的代码
}
while (条件);
```

说明：do/while 循环是 while 循环的变体。该循环会在检查条件是否为真之前执行一次代码块，然后如果条件为真，则会重复执行循环体中的代码块。

示例：输出 1 到 100 之间的所有整数。

```
<script>
j=1;
  do
  { document.write(j + "<br>");
  j++;
  }
while (j<=100);
</script>
```

12）break 和 continue 语句

break 和 continue 语句主要用于循环语句中，break 语句用于跳出循环。continue 语句用于跳过当前这一次循环。

示例：输出 1 到 10 的整数，但不输出 3。

```
<script>
    for(i=1;i<=10;i++)
    {
        if(i==3)
        {
            continue;}// 跳出当前循环
        else
        {
            document.write(i);}
        }
</script>
```

13）JavaScript 对象

对象是拥有属性和方法的数据。对象也是一个变量，但可以包含多个值，每个值以 name:value 对呈现。

语法：

```
var 变量名 ={name1:value1，name2:value2，…}
```

示例：定义人的基本信息，包括 xm（姓名）、xb（性别）、age（年龄）三个属性。如 xm 为李明，性别为男，年龄为 18。

```
<script>
    var person= {xm:" 李明 ", xb:"男 ", age:18};
</script>
```

14）JavaScript 函数

函数是为解决特定问题可被调用执行的可重复使用的代码块。

语法：

```
Function 函数名 ( 参数 )
{
    代码块
}
```

说明：当调用函数时，会执行函数内的代码。

示例：编写一函数，实现计算给定半径的圆的面积。

```
<script>
    function area(r)
        {
            var s=3.14*r*r;
```

```
              document.write(" 半径为 "+r+" 的圆的面积为: "+s);
         }
     area(5);
</script>
```

运行结果:半径为 5 的圆的面积为:78.5。

任务二 制作图片滚动效果

一、任务描述

图片滚动效果是网页上常见的动态效果,可以利用较小的页面空间进行大量的图片展示。本任务的要求如下。

(1)在"WebTest\ 项目 16"文件夹中新建 16-1.html 文档,并实现如图 16-1 所示的页面效果。

(2)网页设计要求。

① 充分应用前面章节所学知识,进行合理的页面布局。

② 灵活地增加、减少图片数量。

③ 在图片下方标注说明文字,并在图片上制作超链接。

④ 当鼠标指针悬浮在图片上时,图片停止滚动,当鼠标指针移开图片时,图片继续滚动。

图 16-1   16-1.html 页面浏览效果图

二、任务实施

(1)进行页面布局。

(2)网页代码如下:

```
<!doctype html>
<html>
<head>
<meta charset="utf-8">
<title> 图片滚动效果 </title>
</head>
<body>
<table width="100%" border="0" cellspacing="0" cellpadding="0">
  <tr>
```

```
        <td align="center">
        <div id=demo style="OVERFLOW: hidden; WIDTH:980px; align: center">
          <table cellspacing="0" cellpadding="0" align="center" border="0">
            <tbody>
              <tr>
                <td id="marquePic1" valign="top">
                    <table width="100%" height="100" border="0"
cellpadding="0" cellspacing="0">
                      <tr>
                        <td align="center"><a href="#"><img src="gdpic/1.
jpg" width="250" height="150" border="0"></a></td>
                        <td align="center" width="2"> </td>
                        <td align="center"><a href="#"><img src="gdpic/2.
jpg" width="250" height="150" border="0"></a></td>
                        <td align="center" width="2"> </td>
                        <td align="center" ><a href="#"><img src="gdpic/3.
jpg" width="250" height="150" border="0"></a></td>
                        <td align="center" width="2"> </td>
                        <td align="center" ><a href="#"><img src="gdpic/4.
jpg" width="250" height="150" border="0"></a></td>
                        <td align="center" width="2"> </td>
                        <td align="center"><a href="#"><img src="gdpic/5.
jpg" width="250" height="150" border="0"></a></td>
                        <td align="center" width="2"> </td>
                      </tr>
                      <tr>
                        <td  align="center" height="25" >梅花</td>
                        <td  align="center" width="2"> </td>
                        <td  align="center">玫瑰花</td>
                        <td  align="center" width="2"> </td>
                        <td  align="center">茶树花</td>
                        <td  align="center" width="2"> </td>
                        <td  align="center">牡丹花</td>
                        <td  align="center" width="2"> </td>
                        <td  align="center">月季花</td>
                        <td  align="center" width="2"> </td>
                      </tr>
                    </table>
                  </td>
                <td id="marquePic2" valign="top"></td>
              </tr>
            </tbody>
          </table>
        </div>
      </td>
    </tr>
  </table>
  <script type=text/javascript>
      var speed=30
      marquePic2.innerHTML=marquePic1.innerHTML
      function Marquee(){
          if(demo.scrollLeft>=marquePic1.scrollWidth){
          demo.scrollLeft=0
      }
      else{
          demo.scrollLeft++ }
```

```
    }
    var MyMar=setInterval(Marquee,speed)
    demo.onmouseover=function() {clearInterval(MyMar)}
    demo.onmouseout=function() {MyMar=setInterval(Marquee,speed)}
</script>
</body>
</html>
```

任务三 自定义函数计算圆的面积

一、任务描述

本任务是用户自定义函数，实现计算任意半径的圆的面积，任务要求如下。

（1）在"WebTest\ 项目 16"文件夹中新建 16-2.html 文档，并实现图 16-2 所示的页面效果。

（2）函数设计要求。

① 在页面中插入按钮，按钮文本为"计算圆的面积"。

② 页面运行时，单击按钮"计算圆的面积"时调用自定义函数 area()。

③ area() 中调用 prompt（）函数，用户从页面录入圆的半径。

④ 对用户录入的圆的半径值进行合法性验证，如非数值则给出友好提示。

⑤ 如用户录入的圆的半径值合法，则进行面积计算，并给出计算结果。

图 16-2 16-2.html 页面浏览效果图

二、任务实施

网页代码如下：

```
<!doctype html>
```

```html
<html>
<head>
<meta charset="utf-8">
<title> 计算圆的面积 </title>
</head>
<body>
  <p>
      <input type="submit" name="button" id="button" value=" 计算圆的面积 "
onClick="area()">
  </p>
  <p><span id="r"></span><span id="s"></span></p>
  <script>
//1.计算圆的面积
function area(){
var r=prompt("请输入圆的半径：","请输入一个数值")
    // 判断输入的是不是数值数据 (isNaN 函数用于检查其参数是否是非数字值。非数值返回
true,否则返回 false,)
  if(isNaN(r)){
    alert(" 你输入的不是数值，请单击计算圆的面积按钮重新输入半径的值 ");
    document.getElementById("r").innerHTML =" 半径为 "+r+" 的圆的面积为： "
    document.getElementById("s").innerHTML ="r 非数值，计算错误 "
    return;
    }
  var s;
  s=3.14*r*r;
  document.getElementById("r").innerHTML =" 半径为 "+r+" 的圆的面积为： "
  document.getElementById("s").innerHTML =s
  }
  </script>
</body>
</html>
```

思考与练习

实操练习

实训 1：JavaScript 编程，递归求斐波那契数列的值。

斐波那契数列指的是这样一个数列：0、1、1、2、3、5、8、13、21、34、……。从第 3 项开始，每一项都等于前两项之和。在数学上，斐波那契数列可以定义为：$F(0)=0$，$F(1)=1$，$F(n)=F(n-1)+F(n-2)$（$n \geqslant 2$，$n \in \mathbf{N}$）

实训 2：JavaScript 编程，实现根据当前计算机的时间，显示不同时段的提示内容，要求如下：

6 点前：显示 "凌晨好"；9 点前，显示 "早上好"；12 点前，显示 "上午好"；14 点前，显示 "中午好"；17 点前，显示 "下午好"；19 点前，显示 "傍晚好"；22 点前，显示 "晚上好"；其他时间，显示 "夜里好"。

应用行为创建页面动态效果

学习目标

❑ 掌握行为的概念。

❑ 会应用行为创建页面动态效果。

项目简介

在前一项目中的"层的隐藏与显示"任务中,我们初涉行为的应用,但对行为的具体操作还比较陌生。通过该项目的学习,需要掌握应用行为来创建页面动态效果以制作出网页特效,从而使自己的网页更加绚丽多彩。

本项目需要完成的任务:

任务一 制作弹出窗口效果。

任务二 制作交换图像效果。

任务三 制作拖动 AP 元素效果。

项目实施

任务一 制作弹出窗口效果

一、任务描述

在用户浏览网页时,想在网页被打开的同时就弹出一个小窗口告诉浏览者一个信息,可以应用行为中的弹出窗口来实现。本任务要求运用行为制作弹出窗口效果,以实现一些重要信息在第一时间被浏览者获取,任务要求如下。

(1)在"WebTest\ 项目 17"文件夹中新建 17-1.html 文档,并实现如图 17-1 所示的页面效果。

(2)网页设计要求:

① 当浏览 17-1.html 页面时,打开弹出窗口(弹出窗口页面为 PopWindow.html)。

② 要求弹出窗口的"宽度"为 300 px,"高度"为 150 px,并只显示"状态栏"。

图 17-1   17-1.html 页面浏览效果图

二、知识积累

1. 认识行为

行为是用来动态响应用户操作、改变当前页面效果或执行特定任务的一种方法，使用户与网页之间产生一种交互。行为是由对象、事件和动作构成的。

对象：是产生行为的主体，大部分网页元素都可以称为对象，如图像、文本、超链接等。

事件：是触发动作的原因，由用户或浏览器所触发的选定行为动作的功能。如单击事件(onClick)。

动作：是事先编写好的 JavaScript 代码，这些代码执行特定的任务，是最终产生的动态效果。

行为：是事件和该事件触发的动作的组合，事件是产生行为的条件，动作是行为的具体结果。

编写 JavaScript 脚本既复杂又需要专业学习，而 Dreamweaver 提供的"行为"机制，在可视化环境中就能够实现丰富的动态页面效果，实现人和页面的简单交互。要制作复杂的网页动画特效，读者可以在互联网上搜索相关的 JavaScript 脚本并应用到自己的网页中。

2. 添加行为

添加行为在行为面板中设置，单击菜单中的"窗口"，选择"行为"可打开"行为"面板，如图 17-2 所示。单击"行为"面板上的"添加"按钮，弹出下拉菜单，如图 17-3 所示，从下拉菜单中选择行为并进行设置。

图 17-2   "行为"面板   图 17-3   行为菜单

三、任务实施

1. 新建文档

（1）新建 17-1.html 文档，并保存到"WebTest/ 项目 17"文件夹中。

（2）新建 PopWindow.html 文档，并保存到"WebTest/ 项目 17"文件夹中。

（3）在 17-1.html 文档的"设计"视图中，把光标定位到页面的第一行，输入文本信息"页面加载时弹出 PopWindow.html 页面"并保存。

（4）在 PopWindow.html 文档的"设计"视图中，把光标定位到页面的第一行，输入"通知"信息（注意文本显示格式）。

2. 创建行为

打开 15-1.html 文档→在菜单中单击"窗口"，选择"行为"→切换到"代码"视图，把光标定位在 body 标签中→在"行为"面板中单击 **+**.按钮→选择"打开浏览器窗口"，弹出"打开浏览器窗口"对话框，如图 17-4 所示→在"要显示的 URL"文本框中输入"PopWindow.html"或单击"浏览"按钮，选择"PopWindow.html"文件→"窗口宽度"中输入"300 px"，"窗口高度"中输入"150 px"，"属性"选中"状态栏"复选框→单击"确定"按钮。

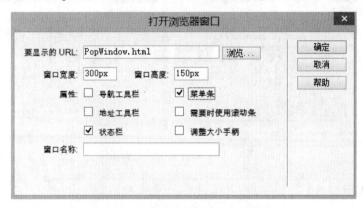

图 17-4 "打开浏览器窗口"对话框

通过上面的操作，Dreamweaver 会自动生成相应的 JavaScript 脚本，代码如图 17-5 所示。

```
2  <html xmlns="http://www.w3.org/1999/xhtml">
3  <head>
4  <meta http-equiv="Content-Type" content="text/html; charset=utf-8" />
5  <title>加载页面时弹出窗口</title>
6  <script type="text/javascript">
7  function MM_openBrWindow(theURL,winName,features) { //v2.0
8    window.open(theURL,winName,features);
9  }
10 </script>
11 </head>
12 <body onload="MM_openBrWindow('PopWindow.html','','status=yes,width=300px,height=150px')">
13 页面加载时弹出PopWindow.html页面
14 </body>
15 </html>
```

图 17-5 任务一 JavaScript 脚本

3. 保存网页，按【F12】键在浏览器中浏览效果

💡 提示：页面文档参考"WebTest / 项目 17/17-1.html"。

任务二 制作交换图像效果

一、任务描述

通过前一任务的学习，我们掌握了行为的概念，认识了行为的构成以及创建行为的方法。本任务需要读者学会运用行为制作交换图像的动态页面效果，达到丰富网页内容提升网页设计技巧的目的。任务要求如下。

（1）在"WebTest\ 项目 17"文件夹中新建 17-2.html 文档，并实现如图 17-5 所示的页面效果。

（2）网页设计要求：运用"交换图像"行为制作交换图像效果，在图 17-6 中，左图为 17-2.html 页面浏览时的效果图，右图为把鼠标指针放在左图图像后的页面效果图，当鼠标指针移开后又恢复到左图页面效果。

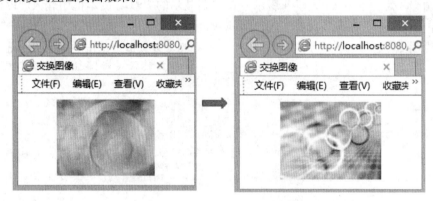

图 17-6　17-2.html 页面浏览效果图

二、任务实施

1. 新建文档

新建 17-2.html 文档，并保存到"WebTest/ 项目 17"文件夹中。

2. 创建行为

准备两张图像素→打开 17-2.html 文档→插入事先准备好的其中一张图片→选中图片，在行为面板中单击 ➕→单击"交换图像"，弹出"交换图像"对话框，如图 17-7 所示→在"交换图像"对话框中选择"预先载入图像"和"鼠标滑开时恢复图像"复选框→在"浏览"中选择交换的第二张图片→单击"确定"按钮。

3. 格式设置

选中图片→单击"格式"菜单→选择"对齐"中的"居中对齐"。

4. 保存网页，按【F12】键在浏览器中浏览效果

> 💡 **提示：**（1）页面文档参考"WebTest / 项目 17/17-2.html"。
>
> （2）交换图像是指通过更改 <img> 标记的 src 属性将一个图像和另一个图像进行交换，实现图像交换效果。

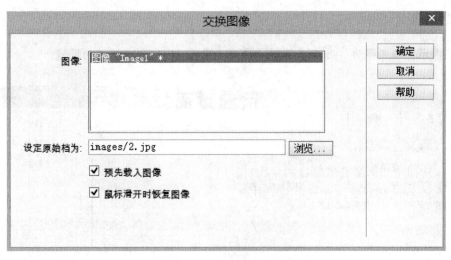

图 17-7 "交换图像"对话框

任务三 制作拖动 AP 元素效果

一、任务描述

本任务需要读者学会运用行为制作"拖到 AP 元素"的页面特效效果，任务要求如下。

(1) 在"WebTest\ 项目 17"文件夹中新建 17-3.html 文档，并实现图 17-8 所示的页面效果。

(2) 浏览页面时，通过鼠标可以任意拖动 AP Div 元素，AP Div 元素样式自定义。

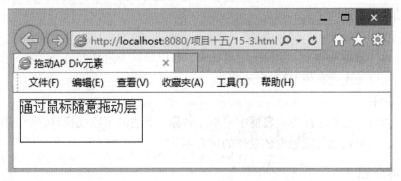

图 17-8　15-3.html 页面浏览效果图

二、任务实施

1. 新建文档

新建 17-3.html 文档，并保存到"WebTest/ 项目 17"文件夹中。

2. 创建行为

通过"添加行为"按钮 ，在 15-3.html 页面中插入一个 AP Div 元素→设置层样式：宽为 150 px，高为 50 px，边框为 1 px，边框颜色为黑色，并在层中输入"通过鼠标随意拖动层"→ 光标离开层，在行为面板中单击→单击"拖动 AP 元素"，弹出"拖动 AP 元素"对话框，如 图 17-9 所示→在"AP 元素"中选择需要拖动的 AP 元素名称，"移动"选择"不限制"→单击"确定"按钮。

💡 提示：如"移动"选择"限制"时，可设置 AP 元素可移动的区域。

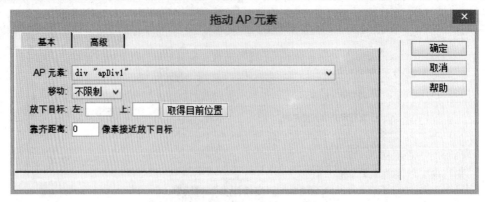

图 17-9　拖动 AP 元素对话框

3. 保存网页，按【F12】键在浏览器中浏览效果

💡 提示：页面文档参考"WebTest／项目 17/17-3.html"。

知识拓展

一、添加行为

1. 添加行为

通过"行为"面板上的"添加行为"按钮 +，可以将行为附加到整个文档，也可以附加到图像、链接、表单元素或其他 HTML 元素上。

2. 选择事件

在添加行为后，当单击行为列表框中"事件名称"旁边的下拉按钮时，会出现一个事件选择的下拉菜单，其中包含可以触发该动作的所有事件。

二、事件介绍

行为中的事件如表 17-1 所示。

表 17-1　行为中的事件

事件类型	说　　明
onLoad	事件在网页载入时发生
onUnLoad	事件在离开网页时发生
onBlur	事件在对象失去焦点时发生（多用于表单元素）
onClick	事件在鼠标单击时发生
onDubClick	事件在鼠标双击时发生

续表

事件类型	说　明
onError	事件在网页载入发生错误时发生
onFocus	事件在对象获得焦点时发生（多用于表单元素）
onKeyDown	事件在用户按下任一个键盘按键时发生
onKeyPress	事件在用户按下任何字母和数字键并释放时发生
onKeyUp	事件在用户松开任何先前按下的按键时发生
onMouseDown	事件在鼠标按下时发生
onMouseMove	事件在鼠标在指定元素上移动时发生
onMouseOut	事件在鼠标移出时发生
onMouseOver	事件在鼠标滑过时发生
onMouseUp	事件在鼠标按下状态释放鼠标左键时发生

三、JavaScript 语言

JavaScript 是一种脚本语言，也是一种面向对象的编程语言，它可与 HTML 标记结合在一起，使用户对网页的操作控制更加的方便。Dreamweaver 内置了一些行为动作，我们在插入这些行为时，Dreamweaver 会在代码中自动生成 JavaScript 代码（可以参考任务一、任务二、任务三中的代码）。读者也可在网上下载符合自己网页设计的 JavaScript 代码，实现网页特效效果。如果已经掌握了 JavaScript 语言，也可以自己编辑新动作应用到网页中。

1．JavaScript 的特点

（1）易用性。

（2）动态交互性。

（3）跨平台性。

（4）安全性。

JavaScript 是安全性高的语言，它只能通过浏览器实现对网络的访问和动态交互。它不允许访问本地硬盘，不能在服务器上存储数据，也不能修改和删除网络文档。它只能浏览信息或通过浏览器进行动态交互，因此，可以有效地防止数据丢失。

2．JavaScript 脚本在 Dreamweaver 中的应用

JavaScript 脚本可以放在 Dreamweaver 代码的任何位置，但为了保持页面代码的可读性，JavaScript 脚本一般放在 <head> 标签中，JavaScript 脚本在 Dreamweaver 代码中的写法如下所示：

```
<script type="text/javascript">
    <!--
        JavaScript 代码
    //-->
</script>
```

实例：单击超链接，弹出警告信息。代码如图 17-10 所示。

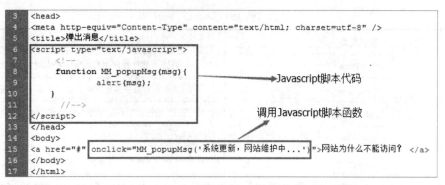

图 17-10　单击超链接弹出警告信息 JavaScript 代码

思考与练习

一、填空题

1. 行为是由＿＿＿＿＿、＿＿＿＿＿和＿＿＿＿＿构成的。

2. 空链接和脚本链接，此类链接能够在对象上附加＿＿＿＿＿来实现一些交互功能。

3. 可为行为设置不同的＿＿＿＿＿。

4. 要打开行为面板，可使用的快捷键是＿＿＿＿＿。

5. 行为是 Dreamweaver 预置的＿＿＿＿＿程序库。

二、选择题

1. Dreamweaver 中，在进入网页时弹出一个窗口，应选用的事件是（　　　）。

　　A. onClick　　　　　B. onLoad　　　　　C. onUnload　　　　　D. OnMouseOver

2. 下面不属于行为中添加的动作的是（　　　）。

　　A. 弹出信息　　　　B. 打开浏览器窗口　　C. 改变属性　　　　D. 双击鼠标

3. 在行为面板上，添加行为的按钮是（　　　）。

　　A. ▤　　　　　　　B. ▤　　　　　　　C. ✚▾　　　　　　D. ▾

4. 在行为面板上，▤ 按钮的含义是（　　　）。

　　A. 显示设置事件　　　　　　　　　　　B. 显示所有事件

　　C. 添加行为　　　　　　　　　　　　　D. 显示所有可执行的动作

5. 在行为面板上，▤ 按钮的含义是（　　　）。

　　A. 显示设置事件　　　　　　　　　　　B. 显示所有事件

　　C. 添加行为　　　　　　　　　　　　　D. 显示所有可执行的动作

6. 事件 "onMouseOver" 的含义是（　　　）。

　　A. 当鼠标单击时触发　　　　　　　　　B. 当鼠标双击时触发

　　C. 按下鼠标左键时触发　　　　　　　　D. 当鼠标指针移到对象上时触发

7. 若要设置关闭某网页时弹出的窗口，应选用的事件是（　　　）。

　　A. onFocus　　　　　B. onLoad　　　　　C. onUnload　　　　　D. onBlur

三、简答题

1. 简述下面各事件在什么动作触发后发生：（1）onBlur；（2）onFocus；（3）onClick；（4）onDblClick；（5）onLoad；（6）onMouseDown；（7）onMouseMove；（8）onMouseOut；（9）onMouseOver；（10）onMouseUp；（11）onUnload；（12）onError；（13）onKeyDown；（14）onKeyPress；（15）onKeyUp。

2. 行为是由什么构成的？

3. 简述什么是行为、对象、事件、动作，它们之间有什么关系？

四、实操练习

实训1：制作图片增大/收缩效果。

实训描述：运用"行为"下"效果"中的"增大/收缩"功能，实现鼠标单击图像时，图像增大和缩小的效果。页面浏览效果如图17-11所示。

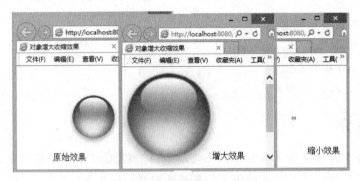

图17-11 页面浏览效果

实训2：制作页面浏览时"弹出信息"效果。

实训描述：运用"行为"下的"弹出信息"，实现当页面加载时弹出消息对话框，页面浏览效果如图17-12所示。

图17-12 页面浏览效果

思考：如何运用"效果"中的功能，制作其他页面特效。

项目十八

动态网页开发应用

学习目标

- ❑ 了解动态网页的概念。
- ❑ 会配置 Web 服务器。
- ❑ 会创建 asp 动态页面。
- ❑ 会连接 Access 数据库。

项目简介

动态网页技术与数据库紧密相连，凡是结合了 HTML 以外的高级程序设计语言和数据库技术进行的网页编程技术生成的网页都是动态网页。动态网页使用的语言主要有：HTML ＋ ASP、HTML ＋ ASP.NET、HTML ＋ PHP、HTML ＋ JSP 等，数据库主要以 SQL Server、Access、MySQL 为主。本项目主要以 HTML+ASP+Access 来介绍动态网页的制作与发布。

本项目需要完成的任务：

任务一　IIS 组件的安装与配置。

任务二　表单数据的读取与输出。

任务三　制作用户注册系统。

任务四　制作用户登录系统。

项目实施

任务一　IIS 组件的安装与配置

一、任务描述

前面所有项目创建的页面都是 html 静态页面，可以直接由浏览器打开浏览，而动态网页不能直接由浏览器打开浏览，必须有 IIS 组件的支撑。IIS（Internet Information Server，互联网信息服务）是一种 Web（网页）服务组件，其中包括 Web 服务器、FTP 服务器等，Web 服务器用于网页浏览，FTP 服务器用于文件传输，应用 IIS 组件就意味着在网络上发布网页信息成为很容易的事。安装了 IIS 就可以把自己的 PC 配置为一台 Web 服务器。本任务需要掌握安装 IIS 组件、会配置 IIS、会发布网站和测试网站。

二、任务实施

1. 安装 IIS 组件（以 Win 7 为例）

打开"控制面板"→单击"程序和功能"，如图 18-1 所示→单击"打开或关闭 Windows 功能"→打开"Windows 功能"窗口，按图 18-2 所示，选择相关应用→单击"确定"按钮，系统开始自动安装 IIS 的相关应用。

图 18-1　控制面板

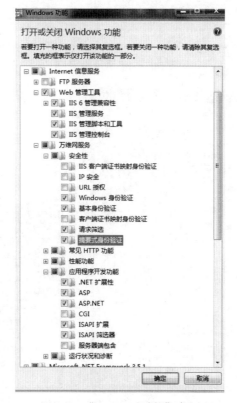

图 18-2　"Windows 功能"窗口

2. 配置 IIS

IIS 安装后，系统会自动创建一个默认的 Web 站点（Default Web Site），该站点的主目录默认为系统安装目录下的 Inetpub\\www.root。要发布网站则需要在 IIS 中"添加网站"或在已存在的网站下"添加虚拟目录"。

1）添加网站操作步骤

（1）添加网站。打开"控制面板"→管理工具→Internet 信息服务（IIS）管理器，打开 IIS 管理器窗口，如图 18-3 所示→右击"网站"→"添加网站"，弹出"添加网站"对话框，按图 18-4 进行设置（注：80 端口被默认网站占用，本网站端口设为 8080）→单击"确定"按钮，此时在"网站"下成功添加"webtest"站点，如图 18-5 所示。

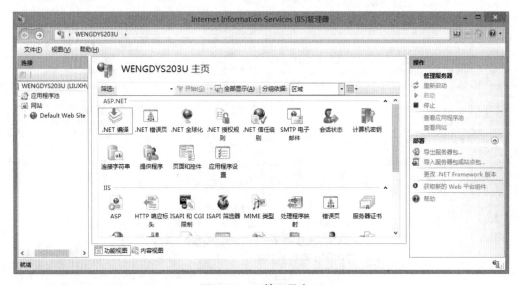

图 18-3　IIS 管理器窗口

图 18-4　添加网站

图 18-5　新创建的 WebTest 站点

（2）启用父路径。在"webtest"站点下的 IIS 中的"ASP"的父路径默认是没有启用的，双击 IIS 下的"ASP"如图 18-6 所示，在打开的窗口中把"启用父路径"设置为"True"，如图 18-7 所示。

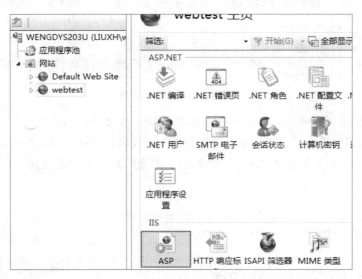

图 18-6

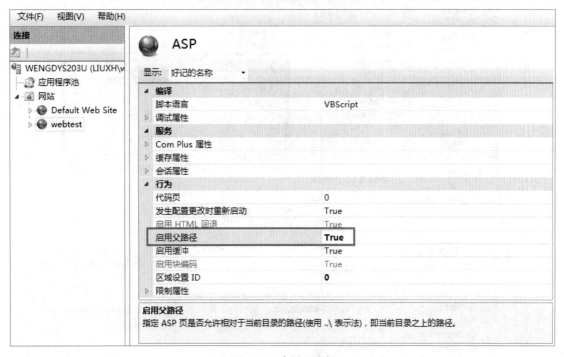

图 18-7　启用父路径

（3）设置网站的"默认文档"。选中"webtest"站点→双击 IIS 下"默认文档"图标（设置网站的首页），如图 18-8 所示→如图 18-9 所示，在打开的窗口右侧"操作"下单击"添加"，在弹出的"添加默认文档"对话框中输入网站首页，如 index.Asp →单击"确定"按钮。在图 18-10 中可以通过"上移""下移"来设置首页在默认文档中的顺序，一般设置为第一个。

图 18-8　设置默认文档

（4）测试网站。在 webtest 目录下新建 ASP VBScript 文档，保存为 index.asp，如图 18-11 所示→在代码视图中输入显示当前服务器时间的 asp 代码，如图 18-12 所示→在 IIS 管理器中选中"webtest"站点→在右边"操作"中单击"浏览网站"下的超链接，打开图 18-13 所示的页面。

图 18-9　添加默认文档

图 18-10　移动默认文件的顺序

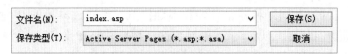

图 18-11 选择文件保存类型

图 18-12 页面 asp 代码

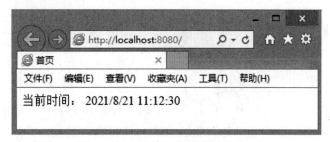

图 18-13 index.asp 页面浏览效果

💡 **提示：** （1）网站使用的默认端口是 80 端口，80 端口只能被一个应用程序占用，如要在 IIS 中部署多个网站，则需要给其他网站配置其他未使用的端口。

（2）添加虚拟目录操作步骤：右击默认网站"Default Web Site"→在弹出的快捷菜单中选择"添加虚拟目录…"→弹出"添加虚拟目录"对话框，配置如图 18-14 所示→单击"确定"按钮→在默认网站下生成虚拟目录"webtest"如图 18-15 所示→设置虚拟目录"webtest"的默认文本为 index.asp→选中虚拟目录"webtest"，在右边"操作"中单击"浏览网站"下的超链接，打开图 18-13 所示的页面。

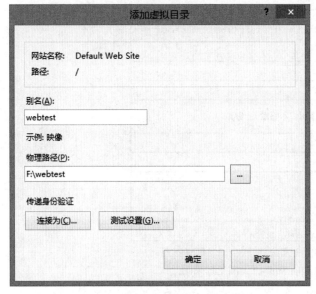

图 18-14 "添加虚拟目录"对话框

图 18-15 生成虚拟目录"webtest"

（5）访问网站。在 IIS 中创建了网站或虚拟目录，在浏览器窗口输入网址便可打开网页。如果网站要对外发布，则需要申请域名，通过域名访问网站，如 http://www.baidu.com。在开始测试时，IIS 与网站在同一机器上，即在本地浏览，可通过本机的 IP 地址、localhost 和 127.0.0.1 三种方式访问网站。以 webtest 网站为例，如果本机 IP 为 172.16.14.39，则访问地址为 http://172.16.14.39:8080；用 localhost 访问为 http://localhost:8080/；用 127.0.0.1 回送地址访问为 http://127.0.0.1:8080/。

任务二 表单数据的读取与输出

一、任务描述

在项目十中，我们学习了表单元素，对表单元素的用法有了一个全面的认识，但在前面的任务中，只是在静态页面中使用表单元素，并未体现出表单元素的真实作用。本任务需要掌握从表单元素中读取数据，并把读取出的信息在页面输出显示。通过本任务的学习，为后面任务实现表单数据存入数据库，以及向表单元素动态赋值打下基础。本任务的要求如下。

（1）在"webtest\ 项目 18\GetAndOutputFormData"文件夹中新建 Regist.html 文档，并实现图 18-16 所示的页面效果。

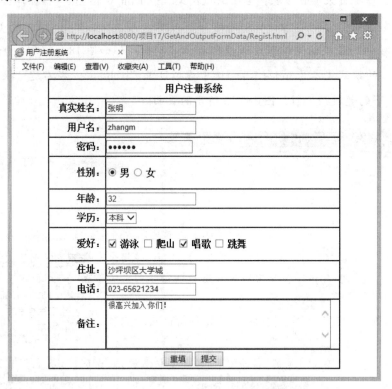

图 18-16　Regist.html 页面浏览效果图

（2）网页设计要求：在"webtest\ 项目 18\ GetAndOutputFormData"文件夹中新建 GetAndOutput.asp 文档，用于读取并输出显示 Regist.html 页面按"提交"按钮后传输的表单元素数据，页面效果如图 18-17 所示。

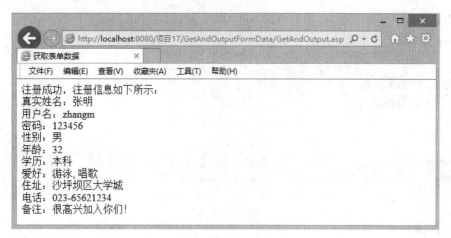

图 18-17　GetAndOutput.asp 页面浏览效果图

二、知识储备

ASP 是动态服务器页面（Active Server Page）的英文缩写，它可以与数据库和其他程序进行交互，是一种简单、方便的编程工具。ASP 网页文件的格式是 .asp，现在常用于各种动态网站中。

1. ASP 基础

ASP 文件可包含文本、HTML 标签和脚本，ASP 文件中的脚本在服务器上执行，这些脚本被分隔符 <% 和 %> 包围起来，因为脚本在服务器端执行，所以显示 ASP 文件的浏览器不需要支持脚本。可以在 ASP 中使用若干种脚本语言，不过，默认的脚本语言是 VBScript，例如，向浏览器输出一段文本："Hello World"，代码如下：

```
<Html>
<Body>
<%
response.write ("Hello World!")
%>
</body>
</html>
```

如果需要使用 JavaScript 作为某个特定页面的默认脚本语言，可在页面的顶端插入一行语言设定。代码如下：

```
<%@ language="javascript"%>
<Html>
<Body>
<script type="text/javascript">
document.write("Hello \World!");
</script>
</body>
</html>
```

> 提示：与 VBScript 不同，JavaScript 对大小写敏感。

ASP 与 VBScript 和 JScript 的配合是原生性的，不需额外的安装，如果需要使用其他语言编写脚本，如 PERL、REXX 或者 Python，那就必须安装相应的脚本引擎。

2．ASP 语句

1）asp 分隔符

<% …… %>

2）定义变量语句

语法：dim 变量名

示例：

```
<%
  Dim a, b
  a=5
  b="abc"
%>
```

3）条件语句

语法：If 条件 1 then

语句 1：elseif 条件 2 then

语句 2：Else

语句 3：Endif

说明：当"条件 1"为"真"时执行"语句 1"，否则判断"条件 2"，当"条件 2"为"真"时则执行"语句 2"，否则执行"语句 3"。

示例：

```
<%
  Dim Result
  Result = 80
If Result >= 90 then
    response.write("优秀")
 Elseif Result >= 80 then
    response.write("良好")
 Elseif Result >= 70 then
    response.write ("中等")
 Elseif Result >= 60 then
    response.write ("及格")
 Else
    response.write ("分数无效")
 End if
%>
```

4）循环语句

（1）While 循环语句。

语法 1：

```
While 条件
        循环体
Wend
```

说明：首先判断"条件"是否为 True，如果为 False 就退出循环，如果为 True 就执行循环体。执行完循环体后返回到 While 处再次判断，如果仍为 True 就重复执行，直到循环条件为 False 时就不再执行循环体，而是执行 Wend 语句后面的语句。

示例：计算 1 到 10 之间整数之和。

```
<%
```

```
    Int i=1
    Sum=0
    While i<=10
      Sum=Sum+i
      i=i+1
    Wend
    response.Write("一到十之间整数之和为："&sum)
%>
```

语法 2：

```
do while 条件
    循环体
Loop
```

说明：判断条件是否满足，如果满足条件则执行循环体，不满足条件则终止循环。

示例：计算 1 到 10 之间整数之和。

```
<%
  Int i=1
  Sum=0
  Do while i<=10
    Sum=Sum+i
    i=i+1
  Loop
  response.Write("一到十之间整数之和为："&sum)
%>
```

语法 3：

```
Do
    循环体
loop while 条件
```

说明：首先执行循环体，然后判断条件，根据条件判定是否循环。循环体至少要执行一次。

示例：计算 1 到 10 之间整数之和。

```
<%
  Int i=1
  Sum=0
  Do
    Sum=Sum+i
  i=i+1
  Loop while i<=10
  response.Write("一到十之间整数之和为："&sum)
%>
```

语法 4：

```
do until 条件
    循环体
Loop
```

说明：判断条件是否满足，如果不满足条件则执行循环体，满足条件则退出循环。

示例：计算 1 到 10 之间整数之和。

```
<%
  Int i=1
  Sum=0
  Do until i>10
    Sum=Sum+i
```

```
    i=i+1
  Loop
  response.Write(" 一到十之间整数之和为："&sum)
%>
```

语法 5：

```
Do
    循环体
loop until 条件
```

说明：判断条件是否满足，如果不满足条件则执行循环体，满足条件则退出循环。循环体至少要执行一次。

示例：计算 1 到 10 之间整数之和。

```
<%
  Int i=1
  Sum=0
  Do
    Sum=Sum+i
    i=i+1
  Loop until i>10
  response.Write(" 一到十之间整数之和为："&sum)
%>
```

（2）FOR 循环语句。

语法 1：

```
For 变量 = 初值 to 终值 step 步长值
    循环体
Next
```

说明：For 后的变量相当于一个计数器，起到控制循环次数的作用。关键字 step 的作用是控制计算器变量每次增加或减少的数值。也可以省略 step，这个时候默认计算器变量每次加 1。

示例：计算 1 到 10 之间整数之和。

```
<%
 Sum=0
  For i=1 to 10
    Sum=Sum+i
  Next
  response.Write(" 一到十之间整数之和为："&sum)
%>
```

语法 2：

```
For each 对象变量 In 对象集合
    循环体
Next
```

说明："对象变量"是用来枚举集合或数组中所有元素的变量，对象集合是集合对象或数组的名称。主要用于遍历集合类对象中的元素。

示例：遍历 myArray 数组并输出数组。

```
<%
Dim myArray(10) '定义数据并指定数组大小
for i=0 to 9      '把字符 a-j 循环赋值给数组
  myArray(i)=Chr(97+i)   '注：a 的 ASCII 码为 97，chr 函数参考附录二
Next
```

```
i=0
For each e in myArray ' 遍历 myArray 数组并输出数组
    response.Write (myArray (i))
    response.Write ("<br \>") ' 换行
    i=i+1
Next
%>
```

思考：用其他循环语句怎样输出 myArray 数组各元素的值？

提示：（1）以上各示例网页参考"WebTest/ 项目 18/asp 语句"。

（2）ASP 常用函数及对象见附录二。

（3）ASP 教程可参考网站：http://www.w3school.com.cn/asp/index.asp。

三、任务实施

1. 新建文档

（1）新建"HTML 页面类型"文件 Regist.html，并保存到"WebTest/ 项目 18/ GetAnd OutputFormData"文件夹中。

（2）新建"ASP VBScript 页面类型"文档 GetAndOutput.asp，并保存到"WebTest/ 项目 18/ GetAndOutputFormData"文件夹中。

2. 制作表单元素页面

在 Regist.html 文档中，按图 18-18 所示页面设计效果图，进行页面布局并插入表单和表单元素。

提示：操作步骤请参照"项目十"中"任务一 制作用户注册页面"。

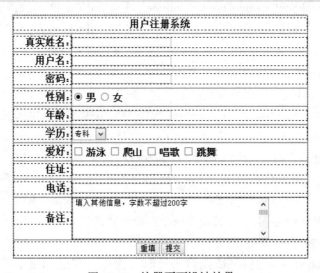

图 18-18　注册页面设计效果

表单及表单元素代码如下。

（1）表单：<form id="form1" name="form1" method="post" action="GetAndOutput.asp">

● action：提交表单后转到的页面。

- method：数据传输方式。有两种传输方式，Get 和 Post。
- Get 方式：数据通过 URL 传输，数据会显示在地址栏内，不安全 。接收数据用 request.QueryString(" 传递的参数 ")。
- Post 方式：数据加密传输，安全保密性强，接收数据用 request.form(" 表单对象名 ")。

（2）真实姓名：\<input type="text" name="realName" id="realName" /\>

（3）用户名：\<input type="text" name="userName" id="userName" /\>

（4）密码：\<input type="password" name="pwd" id="pwd" /\>

（5）性别：

\<input type="radio" name="sex" id="sex_0" value=" 男 " checked="checked" /\> 男

\<input type="radio" name="sex" id="sex_1" value=" 女 " /\> 女

注：此处选择的是"单选按钮组"，男女按钮的 name 属性值要一致。

（6）年龄：\<input type="text" name="age" id="age" /\>

（7）学历：\<select name="education" id="education"\>

　　　　\<option value=" 专科 "\> 专科 \</option\>

　　　　\<option value=" 本科 "\> 本科 \</option\>

　　　　\<option value=" 硕士 "\> 硕士 \</option\>

　　　　\<option value=" 博士 "\> 博士 \</option\>

　　　　\</select\>

注：学历为下拉菜单。

（8）爱好：

\<input type="checkbox" name="hobby" value=" 游泳 " id="hobby_0" /\> 游泳

\<input type="checkbox" name="hobby" value=" 爬山 " id="hobby_1" /\> 爬山

\<input type="checkbox" name="hobby" value=" 唱歌 " id="hobby_2" /\> 唱歌

\<input type="checkbox" name="hobby" value=" 跳舞 " id="hobby_3" /\> 跳舞

注：此处选择的是"复选框组"，各选框的 name 属性值要一致。

（9）住址：\<input type="text" name="address" id="address" /\>

（10）电话：\<input type="text" name="tel" id="tel" /\>

（11）备注：\<textarea name="bz" id="bz" cols="45" rows="5"\>填入其他信息，字数不超过 200 字 \</textarea\>

注：备注选择的是"文本区域"并输入"初始值"。

（12）重置按钮：\<input type="reset" name="reset" id="reset" value=" 重填 " /\>

（13）提交按钮：\<input type="submit" name="tj" id="tj" value=" 提交 " /\>

思考：表单元素的 name 属性在数据传输中起什么作用？

3. 制作表单数据读取与输出页面

打开 GetAndOutput.asp 文档，切换到"代码"视图→获取和显示表单信息的 asp 代码如下：

```
<%
'通过 request 对象获取表单数据
if request.form("tj")=" 提交 " then
```

```
        realName=request.form("realName")   ' 获取真实姓名
        userName=request.form("userName") ' 获取用户名
        pwd=request.form("pwd")' 获取密码
        sex=request.form("sex")' 获取性别
        age=request.form("age")' 获取年龄
        education=request.Form("education")' 获取学历
        hobby=request.form("hobby")' 获取爱好
        address=request.form("address")' 获取住址
        tel=request.form("tel")' 获取电话
        bz=request.form("bz")' 获取备注
' 输出上面获取的数据
        response.Write(" 注册成功, 注册信息如下所示: "&"<br \>")
        response.write(" 真实姓名: "&realName&"<br \>")
        response.write(" 用户名: "&userName&"<br \>")
        response.write(" 密码: "&pwd&"<br \>")
        response.write(" 性别: "&sex&"<br \>")
        response.write(" 年龄: "&age&"<br \>")
        response.write(" 学历: "&education&"<br \>")
        response.write(" 爱好: "&hobby&"<br \>")
        response.write(" 住址: "&address&"<br \>")
        response.write(" 电话: "&tel&"<br \>")
        response.write(" 备注: "&bz&"<br \>")
End if
%>
```

> 提示: ASP VBScript 字符串连接符为 &, 单引号为注释符。

4. 保存所有网页, 选择 Regist. html 文档, 按【F12】键在浏览器中浏览效果

> 提示: 页面文档参考 "WebTest / 项目 18/GetAndOutputFormData/Regist.html、GetAndOutput.asp"。

任务三 制作用户注册系统

一、任务描述

通过前一任务的学习, 我们掌握了运用 ASP 编程技术获取表单元素数据。本该任务需要读者掌握应用 ASP 技术连接 Access 数据库, 把从表单获取的数据或把其他变量的数据写入数据库以及能从数据库中读取数据并在页面中输出。任务要求如下。

(1) 把 "WebTest\ 项目 18\GetAndOutputFormData" 文件夹中的 Regist.html 文档复制到 "WebTest\ 项目 18\Regist" 文件夹中。

(2) 在 "WebTest\ 项目 18\Regist" 文件夹中新建 getInfo.asp 文档, 用于读取 Regist.html 文档中的表单元素数据, 并把获取的数据保存到 Access 数据库中。

(3) 创建 Access 数据库及数据表。

(4) 要求 Regist.html 页面中的 "真实姓名"、"用户名" 和 "密码" 三个字段为必填字段, 如不填则不保存数据并弹出错误提示信息(如 "真实姓名、用户名和密码必填, 请重新填写"), 确定后自动返回到 Regist.html 页面。

（5）根据数据保存情况给出成功提示（如"注册数据提交成功"），同时在 getInfo.asp 页面中输出注册信息。

二、知识储备

1. Access 数据库连接

ASP 作为一种 Web 应用程序，其核心技术就是数据库编程技术。通常将连接数据库的语句段单独建立一个 .asp 文件，在需要操作数据库的页面中使用 #include 指令调用此文件即可，下面将详细介绍 ASP 连接 Access 数据库的方法和实现过程。

连接 Access 数据库有三种常用方法，即无 ODBC DSN 连接、通过 ODBC 连接和通过 OLE DB 连接。

1）无 ODBC DSN 连接

（1）连接无密码的 Access 数据库。

```
<%
Set Conn=Server.CreateObject('ADODB.connection')'创建名为 Conn 的 Connection
对象
Conn.Open 'driver={Microsoft Access Driver (*.mdb)};dbq=' & Server.
MapPath('db.mdb') '建立连接
%>
```

（2）连接有密码的 Access 数据库。

```
<%
Set Conn=Server.CreateObject("ADODB.connection")'创建名为 Conn 的 Connection 对象
Conn.Open "driver={Microsoft Access Driver (*.mdb)};dbq=" & Server.
MapPath("db.mdb")&";pwd=密码;" '建立连接
%>
```

- Driver：用于指定 Access 数据库的驱动程序。
- DBQ：用于指定 Access 数据库的完整路径以及数据库名称。

2）通过 ODBC 连接

打开"控制面板"→在"所有控制面板项"窗口中选择"管理工具"→选择"数据源（ODBC）"→选择"系统 DSN"选项卡→单击"添加"按钮→选择"Microsoft Access Driver(*.mdb,*.accdb)"→单击"完成"按钮→在"ODBC Microsoft Access 安装"对话框中输入"数据源名"→在"数据库"中单击"选择"，选择 Access 数据库文件→在"系统 DSN"窗口中就能看见刚创建的数据源名→单击"确定"按钮，完成配置系统 DSN 的操作。

（1）连接无密码的 Access 数据库。

```
<%
  Dim Conn
  Set Conn=Server.CreateObject ("ADODB.Connection")
  Conn.Open "DSN= 数据源名 "
%>
```

（2）连接有密码的 Access 数据库。

```
<%
  Dim Conn
  Set Conn=Server.CreateObject ("ADODB.Connection")
  Conn.Open "DSN= 数据源名 ;uid= 用户名 ;pwd= 密码 ;"
%>
```

3）通过 OLE DB 连接

（1）连接无密码的 Access 数据库。

```
<%
    Set conn=server.createobject ("adodb.Connection") '创建名为 Conn 的 Connection
对象
    Conn.Open "provider=Microsoft.Jet.OLEDB.4.0; Data Source=" & Server.
MapPath (db.mdb)' 建立连接
    %>
```

注：access 2007 或更高版本数据库（.accdb）连接代码如下：

```
<%
  Set conn=Server.CreateObject ("ADODB.connection")
   conn.Open "Provider=Microsoft.ACE.OLEDB.12.0; Persist Security
Info=False; Data Source="&server.MapPath ("UserInfo.accdb")
   %>
```

（2）连接有密码的 Access 数据库。

```
<%
  Set Conn=Server.CreateObject ("ADODB.Connection")
   ConnStr="Provider=Microsoft.Jet.OLEDB.4.0; Data Source="&Server.mappath
("db.mdb") &";Jet OLEDB:DataBase Password=123456;"
  Conn.Open (ConnStr)
  %>
```

以上 3 种连接 Access 数据库的方法，每种方法都有各自的特点以及适合的环境，读者可根据实际的应用选择适合的数据库连接方法。

2. ASP 数据库操作

ASP 中常用的数据库操作语句：

（1）Select 语句：查询数据库，用来查询满足特定条件的记录集。

语法：Select [top（数值）] 字段列表 from 表 [where 条件] [order by 字段 asc/desc] [group by 字段]

（2）Inser 语句：添加记录，用来向数据库中插入数据。

语法：Inser Into 表名 (字段 1, 字段 2,…) Values(字段 1 的值 , 字段 2 的值…)

（3）Delete 语句：删除数据库中无用的记录。

语法：Delete from 表名 where 条件

（4）Update 语句：用来更新数据。

语法：Update 表名 set 字段 1= 字段值 1, 字段 2= 字段值 2,… [where 条件]

三、任务实施

1. 新建文件

新建"ASP VBScript 页面类型"文档 getInfo.asp，并保存到"WebTest/ 项目 18/ Regist"文件夹中。

2. 拷贝文件

（1）在 WebTest 站点下打开"项目 18/GetAndOutputFormData"→右击 Regist.html 文档→在"编辑"中单击"复制"按钮→右击"项目 18/ Regist"→在"编辑"中单击"粘贴"按钮。

（2）在 Dreamweaver 中打开 Regist.html 文件→修改 form 的 action 属性，属性值为 "getInfo.asp"。

3. 创建 Access 数据库与数据表（以 Access 2013 为例）

打开 Access 2013 →单击"空的桌面数据库"→数据库保存路径为"WebTest/ 项目 18/ Regist"，文件名为 UserInfo.accdb →打开图 18-19 所示窗口→右击"表 1"，选择"设计视图" 弹出"另存为"对话框，在"表名称"中输入表的名称，如 RegistInfo →保存→进入"字段" 设计界面，如图 18-20 所示，按图 18-20 对"字段名称"和"数据类型"进行设置→保存数据 库文件和表→打开表 RegistInfo，如图 18-21 所示，为空表。

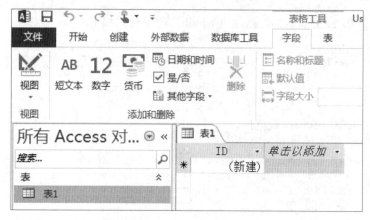

图 18-19　建成的 UserInfo 数据库

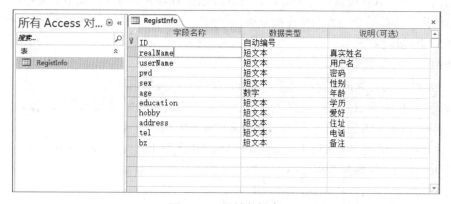

图 18-20　设计数据表

图 18-21　建成的空数据表

4. 创建数据库连接

在"WebTest/ 项目 18/ Regist"中创建 ASP VBScript 文档并保存为 conn.asp。

注：在 conn.asp 代码视图中删除所有代码，输入如下数据库连接代码。

（1）2007 及以上版本 access 数据库（.accdb）连接代码如下：

```
<%
  dim conn
```

```
    set conn=Server.CreateObject("ADODB.connection") '创建名为 Conn 的 Connection
对象
    conn.Open "Provider=Microsoft.ACE.OLEDB.12.0;Persist Security
Info=False;Data Source="&server.MapPath("UserInfo.accdb")'建立连接
    %>
```

（2）2003 及以下版本 access 数据库（.mdb）连接代码如下所示：

```
<%
  dim conn
  set conn=Server.CreateObject("ADODB.connection")
  conn.Open "driver={Microsoft Access Driver (*.mdb)};dbq=" & Server.
MapPath("UserInfo.mdb")
  %>
```

5. 配置数据库访问权限

打开存放数据库的文件夹（如：F:\WebTest\ 项目 18\Regist）→右击数据库文件 "UserInfo.accdb" 并单击 "属性"→打开 "UserInfo.accdb 属性" 对话框→选择 "安全" 选项卡→单击 "编辑"→在打开的 "UserInfo.accdb 的权限" 对话框中选择 "users"，在下面 "users 的权限" 中 "允许" 列勾选 "修改"、"读取和执行"、"读取"、"写入" 权限，如图 18-22 所示→单击 "确定" 按钮。

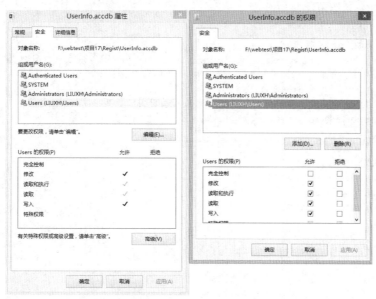

图 18-22 数据库权限配置

6. 编辑数据处理页面（getInfo. asp）

（1）打开 getInfo.asp 文档并切换到 "代码" 视图。

（2）在代码中嵌入数据库连接文件（conn.asp）。

单击 "插入" 菜单→单击 "服务器端包括"→在弹出的 "选择文件" 对话框中选择 conn.asp 文件→单击 "确定" 按钮，在代码中生成如下包含文件代码：

```
<!--#include file="conn.asp" -->
```

（3）获取表单信息的 asp 代码如下所示：

```
<%
'通过 request 对象获取表单数据
if request.form("tj")=" 提交 " then
```

```
      realName=request.form("realName")    '获取真实姓名
      userName=request.form("userName")'获取用户名
      pwd=request.form("pwd")'获取密码
      sex=request.form("sex")'获取性别
      age=request.form("age")'获取年龄
      education=request.Form("education")'获取学历
      hobby=request.form("hobby")'获取爱好
      address=request.form("address")'获取住址
      tel=request.form("tel")'获取电话
      bz=request.form("bz")'获取备注
End if
%>
```

（4）判断"真实姓名、用户名和密码"三字段是否填写，如未填写则返回注册页面。

```
<%
if realName="" or userName="" or pwd="" then
     response.write "<SCRIPT language=JavaScript>alert('真实姓名、用户名和密
码必填，请重新填写');location.href='Regist.html';< /Script>"
End if
%>
```

（5）数据入库并输出注册信息。

```
<% '数据入库操作
   flag=0'数据入库成功标记
   set rs=server.createobject("adodb.recordset") '建立一个数据集的实例
   rs.open "RegistInfo",conn,1,3 '打开数据表 RegistInf
   rs.addnew '增加一条新记录
   rs("realName")=realName '向数据库表写入数据
   rs("userName")=userName
   rs("pwd")=pwd
   rs("sex")=sex
   rs("age")=age
   rs("education")=education
   rs("hobby")=hobby
   rs("address")=address
   rs("tel")=tel
   rs("bz")=bz
   rs.update '更新记录
   flag=1
   rs.close    '关闭数据库记录集对象
   set rs=nothing   '释放记录集对象rs
if flag=1 then '判断数据入库是否成功
   response.write"<script>alert('注册数据提交成功')</script>"
   '输出注册数据
   response.Write(" 注册成功，注册信息如下所示："&"<br \>")
   response.write("真实姓名："&realName&"<br \>")
   response.write("用户名："&userName&"<br \>")
   response.write("密码："&pwd&"<br \>")
   response.write("性别："&sex&"<br \>")
   response.write("年龄："&age&"<br \>")
   response.write("学历："&education&"<br \>")
   response.write("爱好："&hobby&"<br \>")
   response.write("住址："&address&"<br \>")
   response.write("电话："&tel&"<br \>")
   response.write("备注："&bz&"<br \>")
else
```

```
        response.write "<SCRIPT language=JavaScript>alert('注册数据提交失败,请重
新注册');location.href='Regist.html';</Script>"
        end if
        %>
```

7. 保存所有网页,选中 Regist. html 文档,按【F12】键在浏览器中浏览效果

(1) 如果"真实姓名、用户名和密码"三字段未全部填写,按"提交"按钮后弹出图 18-23 所示的对话框,按"确定"按钮后自动返回到 Regist.html 页面。

(2) 如数据提交成功,则弹出图 18-24 所示的对话框,按"确定"按钮后显示图 18-25 所示的用户注册信息。

图 18-23　提交失败提示框

图 18-24　提交成功提示框

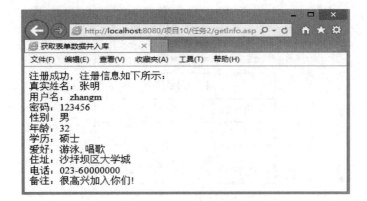

图 18-25　信息显示页面

(3) 提交成功后,打开数据表,可以看到注册的数据,如图 18-26 所示。

图 18-26　保存成功的数据信息

> **提示:**(1) 页面文档参考"WebTest / 项目 18/ Regist/Regist.html、getInfo.asp"。
> (2) 任务中的"真实姓名"、"用户名"和"密码"三个字段为必填字段的验证是通过编写 VBScript 脚本实现的(是服务器端验证模式),读者可以把验证方式改为 Spry 验证方式。

任务四　制作用户登录系统

一、任务描述

通过前两个任务的学习，我们掌握了运用 ASP 编程技术从表单元素中获取数据并向数据库中写入数据据。本任务需要读者掌握应用 ASP 技术从数据库中读取数据，实现从网页界面录入信息并与数据库中存放的信息进行比较，从而实现用户登录的功能。任务要求如下。

（1）利用"任务二"用户注册信息（用户名、密码）进行登录。

（2）在"WebTest\ 项目 18\ Login"文件夹中新建 login.html 文档，并实现图 18-27 所示的用户登录页面效果。

（3）在"WebTest\ 项目 18\ Login"文件夹中新建 yz.asp 和 main.asp 文档。

（4）当用户从登录页面 login.html 输入用户名、密码提交后，在帐户验证页面 yz.asp 中对用户输入的用户名和密码信息与数据库中的信息进行比对，如一致，则进入欢迎页面 main.asp，并在 main.asp 页面输出该用户的真实姓名，如"张明，欢迎光临！"，如不一致，提示"用户名或密码错误，请重新登录"，单击"确定"按钮返回登录界面。

图 18-27　login.html 页面浏览效果图

二、任务实施

1. 新建文档

（1）新建 login.html 文档，并保存到"WebTest\ 项目 18\ Login"文件夹中。

（2）新建 yz.asp 文档，并保存到"WebTest\ 项目 18\ Login"文件夹中。

（3）新建 main.asp 文档，并保存到"WebTest\ 项目 18\ Login"文件夹中。

（4）把"WebTest\ 项目 18\Regist"文件夹中的 conn.asp 文档复制到"WebTest\ 项目 18\ Login"文件夹中。

2. 制作登录界面

打开 login.html 文档→按图 18-27 所示页面浏览效果图进行页面布局，并插入表单及表单元素。表单及表单元素代码如下：

（1）表单：<form id="form1" name="form1" method="post" action="zy.asp">

（2）用户名：<input type="text" name="userName" id="userName" style="width: 150px; height:

20px ;"/>

（3）密　码：<input type="password" name="pwd" id="pwd" style="width: 150px; height: 20px;" />

思考：如不设置用户名和密码两个文本域的 style 样式，在页面浏览时两个文本域的大小是否一致？

（4）提交按钮：input type="submit" name="tj" id="tj" value=" 提交 " />

（5）重填按钮：<input type="submit" name="button" id="button" value=" 重填 " />

3. 编辑 yz.asp 页面

（1）在代码中嵌入数据库连接文件（conn.asp）。

打开 yz.asp 文档并切换到"代码"视图→单击"插入"菜单→单击"服务器端包括"→在弹出的"选择文件"对话框中选择 conn.asp 文件→单击"确定"按钮，在代码中生成如下包含文件代码：<!--#include file="conn.asp" -->

（2）从 login.html 页面中获取用户名和密码信息，代码如下：

```
<%
' 通过 request 对象获取用户名和密码
if request.form("tj")=" 提交 " then
    userName=request.form("userName") ' 获取用户名
    pwd=request.form("pwd") ' 获取密码
end if
 sql="select * from RegistInfo where userName='"&userName&"' and
pwd='"&pwd&"'" ' 数据库查询语句
 set rs=server.createobject("adodb.recordset") ' 建立一个数据集的实例
 rs.open sql,conn,1,1
 if rs.eof and rs.bof then
    response.write "<SCRIPT language=JavaScript>alert(' 用户名或密码错误,请重
新登录 ');location.href='login.html';</Script>"
 else
    session("realName")=rs("realName") ' 保存真实姓名数据
    response.Redirect("main.asp")
 end if
 %>
```

4. 编辑 main.asp 页面

打开 main.asp 文档，切换到"代码"视图并输入如下代码：

```
<%
response.Write(session("realName")&", 欢迎光临! ")
%>
```

💡 **提示**：也可通过地址传参数的方法向 main.asp 页面传递"真实姓名"数据，修改方法：

把 yz.asp 中的 response.Redirect("main.asp") 改成 response.Redirect ("main.asp? realName="&rs ("realName") &"")

把 main.asp 中的 response.Write(session("realName")&", 欢迎光临! ") 改成 response.Write(Request.querystring("realName")&", 欢迎光临! ")

5. 保存所有网页，选中 login.html 文档，按【F12】键在浏览器中浏览效果

（1）如果用户名或密码不对，按"提交"按钮后弹出图 18-28 所示的对话框，按"确定"按钮后自动返回 login.html 页面。

（2）如登录成功，进入 main.asp 页面，如图 18-29 所示。

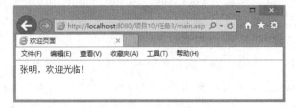

图 18-28　账户错误提示框　　　　　　　　图 18-29　欢迎页面

提示：页面文档参考"WebTest / 项目 18/Login/ login.html、yz.asp、main.asp"。

思考：在一个网站中，一些公用文件（如数据库连接文件）或数据库文件在站点中该如何规划存放？

知识拓展

一、静态网页与动态网页

1. 静态网页与动态网页的基本概念

静态网页：网页 URL 的后缀以 .html、.htm、.shtml、.xml 等形式出现的网页通常被称为"静态网页"，静态网页可以包含文本、图像、声音、FLASH 动画、客户端脚本等。

动态网页：网页 URL 的后缀以·aspx、.asp、.jsp、.php 等形式出现的网页通常被称为"动态网页"，动态网页是基本的 html 语法规范与 Java、Asp.net 等高级程序设计语言、数据库编程等多种技术的融合，以期实现对网站内容和风格的高效、动态和交互式的管理。因此，凡是结合了 HTML 以外的高级程序设计语言和数据库技术进行的网页编程技术生成的网页都是动态网页。

2. 静态网页与动态网页的区别

（1）程序是否在服务器端运行是重要标志。在服务器端运行的程序、网页、组件属于动态网页，页面信息会随不同客户、不同时间返回不同的网页，如 ASP、PHP、JSP、ASP.net 等。在客户端运行的程序、网页、插件、组件属于静态网页，如 html 页、Flash、JavaScript、VBScript 等。

（2）静态网页与动态网页不是视觉上的动与静。动态网页和页面上的各种动画、滚动字幕等视觉上的"动态效果"没有直接关系。而静态网页也可以有各种视觉上的动画效果，如 GIF 格式的动画、Flash、滚动字幕等。

（3）静态网页可以直接用浏览器打开，而动态网页不能直接用浏览器打开，必须通过服务器端把程序翻译成超文本标记语言（html）才能被浏览器解析。

3. 静态网站与动态网站的优缺点

1）静态网页的优缺点

（1）静态网页不易被攻击。

（2）静态网页没有独立数据库大大减少了网站数据负荷，使得访客在浏览页面时大大加快了网页调取速度。

（3）由于搜索引擎较喜欢静态页面，因此静态页面有有利于网站收录。

（4）页面维护工作量大，交互性差。

2）动态网页的优缺点

（1）动态网页以数据库技术为基础，可以大大降低网站维护的工作量。

（2）网站采用数据库和网站分开的模式，安全性较高。

（3）采用动态网页技术的网站可以实现更多的功能，如用户注册与登录、在线调查等。

（4）动态网页只有当用户请求时服务器才返回一个完整的网页。

（5）很多动态网页中带有特殊符号如"？"，对搜索引擎检索存在一定的问题，搜索蜘蛛不会去抓取网址中"？"后面的内容，因此采用动态网页的网站在进行搜索引擎推广时需要做一定的技术处理才能适应搜索引擎的要求。

4. ASP 动态网页的执行过程

ASP 动态网页中可以包含服务器端脚本，安装在 Web 服务器上的扩展软件负责解释并执行这些脚本，该软件的文件名为 ASP.DLL，通常称为 ASP 引擎，也成为应用程序服务器。ASP 动态网页的执行过程如下：

（1）在客户端计算机上，用户在浏览器的地址栏中输入一个 ASP 动态网页的 URL 地址并按【Enter】键。

（2）Web 服务器收到该请求后，根据扩展名 .asp 判断出这是一个 ASP 文件请求，并从硬盘或内存中获取所需 ASP 文件，然后向应用程序服务器 ASP.DLL 发送 ASP 文件。

（3）ASP.DLL 自上而下查找，解释并执行 ASP 页中包含的服务器端脚本命令，处理的结果是生成了 HTML 文件，并将 HTML 文件送回到 Web 服务器。

（4）Web 服务器将 HTML 发送到客户端计算机上的 Web 浏览器，然后浏览器负责对 HTML 文件进行解释，并在浏览器窗口中显示结果。

二、Dreamweaver 中浏览 / 调试 ASP 网页

静态页面可以直接用浏览器打开，也可在 Dreamweaver 中，按【F12】键或单击"在浏览器中预览"图标浏览页面，如是 ASP 动态页面，则不能直接在浏览器中预览，也不能按【F12】键或单击"在浏览器中预览"图标浏览页面，要想在 Dreamweave 中浏览 / 调试 ASP 动态页面，则必须在 Dreamweaver 的"管理站点"中对站点进行服务器配置，如未进行配置，对 ASP 页面直接单击"在浏览器中预览"图标，会弹出图 18-30 所示的对话框，提示"是否立即指定测试服务器？"单击"是"按钮，将打开图 18-31 所示对话框，选中"服务器"，单击下方的"+"按钮，弹出图 18-32 所示对话框，在"服务器名称"中输入名称，如 WebTest，"连接方法"选择"本地 / 网站"，Web URL 中输入前面创建的网站地址（IIS 中创建的网站），如 http://localhost:8080/），保存配置。此时在 Dreamweaver 中，按【F12】键或点击"在浏览器中预览"图标就可以浏览 ASP 动态页面了。

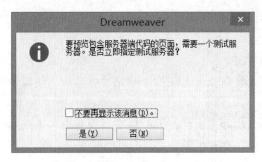

图 18-30　指定测试服务器对话框

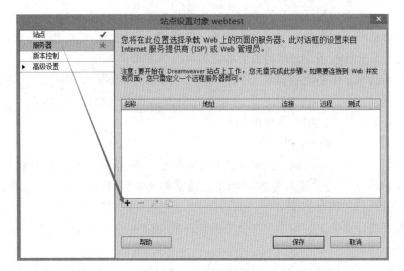

图 18-31　站点设置对话框

图 18-32　服务器设置对话框

💡 **提示：** 也可在 "站点管理" 中选中要配置的站点，单击编辑按钮 ✏️，打开图 18-33 所示的对话框进行设置。

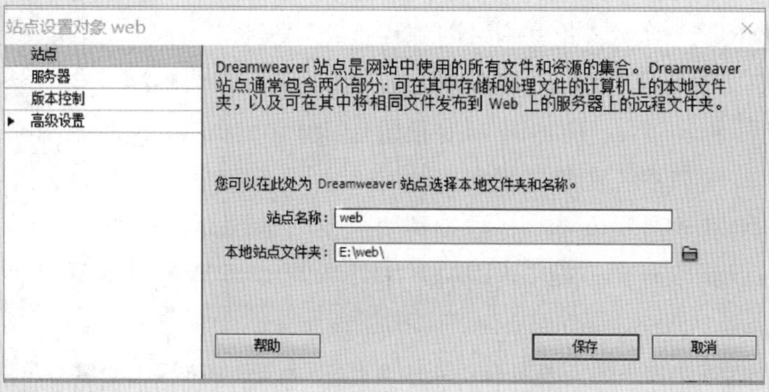

图 18-33　配置站点信息对话框

三、Web 服务器

Web 服务器也称 WWW(World Wide Web) 服务器，一般指网站服务器，主要功能是提供网上信息浏览服务。WWW 是 Internet 的多媒体信息查询工具，是 Internet 上近年发展最快和目前用途最广泛的服务。正是因为有了 WWW 工具，才使得近年来 Internet 迅速发展，且用户数量飞速增长。目前最主流的三个 Web 服务器是 IIS、Apache 和 Nginx。

1. IIS 服务器

IIS（Internet Information Services，互联网信息服务），是由微软公司提供的基于运行 Microsoft Windows 的互联网基本服务，也是目前最流行的 Web 服务器产品之一。IIS 的安装与 Web 服务器的配置前面已做了详细讲解，此处不再赘述。

IIS 支持的 Web 程序主要是 ASP、ASP.NET。正常情况下，IIS 是不支持 PHP、JSP 的，如 IIS 要支持 PHP，需要下载安装 Windows 的 PHP 安装包，并做相关的配置。

2. Apache 与 Tomcat 服务器

1）Apache 与 Tomcat 的区别与联系

Apache 和 Tomcat 都是 Web 网络服务器，在进行 HTML、PHP、JSP 等开发过程中是最佳的服务器配置。

Apache 和 Tomcat 既有联系又有区别。Apache 是 Web 服务器（静态解析，如 HTML），Tomcat 是 Java 应用服务器（动态解析，如 JSP、PHP）。Tomcat 是一个开源的 Web 容器，可以认为是 Apache 的扩展，但是可以独立于 Apache 运行。两者都是 Apache 组织开发的，都有 HTTP 服务的功能，且都是开源免费的。Apache 只支持静态网页，但像 jsp、php 等动态网页就需要 Tomcat 来处理。所以要在 Apache 环境下运行 jsp 就需要一个解释器来执行 jsp 网页，而这个 jsp 解释器就是 Tomcat。对于 JSP、PHP 等动态网站，很多都是采用 Tomcat 作为 Web 服务器。

2）Tomcat 的安装与配置

在运行 JSP 动态网页时，如果 JSP 需要连接数据库的话，还需要安装 JDK 来提供连接数据库的驱动程序，JDK 是整个 Java 的核心，包括 Java 运行环境，所以要运行 JSP 的 Web 服务器平台就需要 Tomcat+JDK.

3）安装 JDK

（1）下载 JDK7.0 → 解压并双击 JDK 安装程序 → 进入安装界面 → 单击"下一步"按钮 → 选

择安装目录（一般保持默认）→单击"下一步"按钮→开始安装直到完成。

（2）配置环境变量。右击"此电脑"图标→选择"属性"命令→单击"高级系统设置"超连接→选择"高级"选项卡→单击"环境变量"按钮，如图 18-34 所示→新建系统变量，如图 18-35 所示（变量名：JAVA_HOME，变量值：C:\Program Files\Java\jdk1.7.0，注意不同安装路径，值不一样）→在系统变量里找到 Classpath，没有就新建一个，把 .;%JAVA_HOME%\lib\dt.jar;%JAVA_HOME%\lib\tools.jar; 添加到变量值的最前面，如图 18-36 所示→在系统变量里找到 Path，没有就新建一个，把 %JAVA_HOME%\bin;%JAVA_HOME%\jre\bin; 添加到变量值，如图 18-37 所示。

图 18-34　设置环境变量界面

图 18-35　新建系统变量 JAVA_HOME

图 18-36　编辑或新建系统变量 Classpath

图 18-37　编辑或新建系统变量 Path

（3）检验 JDK 是否安装并配置成功。

在"运行"对话框中输入 cmd，单击"确定"按钮，进入 DOS 窗口，打开命令提示符，输入 java –version，如出现图 18-38 所示信息，则安装和配置成功。

图 18-38　JDK 配置成功测试结果

4）安装 Tomcat

（1）下载并解压 Tomcat 6.0 → 将解压的文件夹复制到 E 盘根目录下（这里以 E 盘为例）→ 安装完成（下载的 Tomcat 软件一般为免安装版，解压即可）。

（2）配置环境变量，与前面配置 JDK 的环境变量类似。

新建三个系统变量：

TOMCAT_HOME=E:\tomcat-6.0.39

CATALINA_HOME=E:\tomcat-6.0.39

CATALINA_BASE=E:\tomcat-6.0.39

配置界面如图 18-39、18-40、18-41 所示：

图 18-39　新建系统变量 TOMCAT_HOME　　　　图 18-40　新建系统变量 CATALINA_HOME

在 Classpath 中添加 %TOMCAT_HOME%\lib\servlet-api.jar;，如图 18-42 所示：

图 18-41　新建系统变量 CATALINA_BASE　　　　图 18-42　配置 ClassPath 变量

在 Path 中添加 %CATALINA_HOME%\bin;，如图 18-43 所示。

此时，配置工作完成。

（3）测试 Tomcat 配置。在 Tomcat 目录中打开 bin 文件夹，双击 startup.bat，等到控制台启动完成后，在浏览器中输入 http://localhost:8080（Tomcat 默认端口是 8080），如能打开 Tomcat 的网页，则说明 Tomcat 安装配置成功，注意，关闭控制台即关闭 Tomcat 服务。

图 18-43　配置 Path 变量

说明：修改 Tomcat 端口为 80 端口。打开 Tomcat 目录下的 Conf 文件夹并找到 server. xml 文档→可用记事本或 NotePad 等文本编辑器打开 server.xml 文档→找到 <Connector connectionTimeout="20000" port="8080" protocol="HTTP/1.1" redirectPort="8443"/>　将 port="8080" 修改 port="80" 即可→保存文档→重启 Tomcat 务器（关闭控制台并重新运行 startup.bat）→浏览器中输入 http://localhos 即可访问 Tomcat 主页。

（4）Tomcat 下部署 JSP 网站。

方法一：直接放到 Webapps 目录下。

把 JSP 网站文件直接放到 Webapps 目录下，因为 Tomcat 的 Webapps 目录是 Tomcat 默认的应用目录，当服务器启动时，会加载所有这个目录下的应用。

> **提示**：Webapps 这个默认的应用程序目录是可以改变的。在 Tomcat 的 conf 目录下打开 server.xml 文件，找到下面内容：<Host name="localhost" debug="0" appBase= "Webapps" unpackWARs="true" xmlValidation="falase" xmlNamespaceAware="false">，修改 appBase= "Webapps" 即可

方法二：在 server.xml 中指定。

JSP 网站文件也可以不放到 Tomcat 的 Webapps 目录下，可放在任意盘或目录中，这时就需要在 server.xml 中指定访问路径。在 Tomcat 的配置文件中，一个 Web 应用就是一个特定的 Context（Contex 指上下文，实际上就是一个 Web 项目），可以通过在 server.xml 中新建 Context 来部署一个 JSP 应用程序。打开 server.xml 文件，在 Host 标签内建一个 Context，内容如下：

<Context path="/myjsp" reloadable="true" docBase="E:\myjsp" workDir="D:\myjsp\work"/>

其中 path 是虚拟路径，reloadable="true" 表示修改了 jsp 文件后不需要重启就可以实现显示的同步，docBase 是 JSP 应用程序的物理路径，workDir 是这个应用的工作目录，是 Tomcat 解析 Jsp 转换为 Java 文件，并编译为 class 存放的文件夹。

四、数据库连接

1. ASP 连接 SQL Server 数据库

方法一 无 ODBC DSN 连接。

```
<%
  Dim Conn, Connstr
  Set Conn=Server.CreateObject("ADODB.Connection")    '创建名为 Conn 的 Connection
对象
```

```
    Connstr ="Driver={SQL Server};Server=(local);Uid=登 录 名;Pwd=密 码
;Database=数据库名" '定义连接数据库字符串
    Conn.Open(Connstr) '建立连接
%>
```

方法二 使用 OLE DB 连接。

```
<%
  Dim Conn, Connstr
  Set Conn=Server.CreateObject("ADODB.Connection") '创建名为Conn的Connection
对象
   Connstr="provider=sqloledb;data source=(local);initial catalog=数据库名
;user id=用户名;password=密码;" '定义连接数据库字符串
  Conn.Open Connstr '建立连接
%>
```

2. ASP.NET 连接 SQL Server 数据库

SqlConnection conn = new SqlConnection("server=(local);database=数据库名;uid=用户名;pwd=密码;");

3. ASP.NET 连接 Oracle 数据库的方法

在 ASP.NET 配置文件 Web.config 中进行配置，代码如下：

<add key="ConnectionString" value="Data Source=myorcl;User ID=用户名;Password=密码"/>

Data Source 为 oracle 配置文件 tnsnames.ora 中的连接符，代码如下：

```
myorcl=
  (DESCRIPTION=
    (ADDRESS_LIST=
        (ADDRESS=(PROTOCOL=TCP)(HOST=localhost)(PORT=1521)))
        (CONNECT_DATA=(SERVER_NAME=orcl)))
```

4. Tomcat 下 JSP 连接 SQL Server 数据库

在 Tomcat/Conf/Server.xml 文件中设置，SQL Server 数据库连接代码如下：

```
<Host name="localhost" debug="0" appBase="webapps" unpackWARs="true"
autoDeploy="true" xmlValidation="false" xmlNamespaceAware="false">
    <Context path="myjsp" docBase="E:\myjsp" debug="2" reloadable="false"
crossContext="true" privileged="true">
      <Resource name="jdbc/sqlserver" auth="Container" type="javax.sql.
DataSource"/>
        <ResourceParams name="jdbc/sqlserver">
        <parameter>
          <name>factory</name>
          <value>org.apache.commons.dbcp.BasicDataSourceFactory</value>
        </parameter>
        <parameter>
          <name>driverClassName</name>
          <value>com.microsoft.jdbc.sqlserver.SQLServerDriver</value>
        </parameter>
        <parameter>
          <name>url</name>    <value>jdbc:microsoft:sqlserver://127.0.0.1:1
433;DatabaseName=dataBaseName</value>
        </parameter>
        <parameter>
          <name>username</name>
          <value>sa</value>
```

```
      </parameter>
      <parameter>
        <name>password</name>
        <value>789654</value>
      </parameter>
      <parameter>
        <name>maxActive</name>
        <value>20</value>
      </parameter>
      <parameter>
        <name>maxIdle</name>
        <value>20</value>
      </parameter>
      <parameter>
        <name>maxWait</name>
        <value>-1</value>
      </parameter>
    </ResourceParams>
  </Context>
</Host>
```

5. Tomcat 下 JSP 连接 Oralce 数据库

在 Tomcat/Conf/Server.xml 文件中设置，Oralce 数据库连接代码如下：

```
<Host name="localhost" debug="0" appBase="webapps" unpackWARs="true"
autoDeploy="true" xmlValidation="false" xmlNamespaceAware="false">
    <Context path="myjsp" docBase="E:\myjsp" debug="2" reloadable="false"
crossContext="true" privileged="true">
        <Resource name="jdbc/sqlserver" auth="Container" type="javax.sql.
DataSource"/>
        <ResourceParams name="jdbc/sqlserver">
        <parameter>
          <name>factory</name>
          <value>org.apache.commons.dbcp.BasicDataSourceFactory</value>
        </parameter>
        <parameter>
          <name>driverClassName</name>
          <value>com.microsoft.jdbc.sqlserver.SQLServerDriver</value>
        </parameter>
        <parameter>
          <name>url</name>
        <value>jdbc:microsoft:sqlserver://127.0.0.1:1433;DatabaseName=dataBa
seName</value>
        </parameter>
        <parameter>
          <name>username</name>
          <value>sa</value>
        </parameter>
        <parameter>
          <name>password</name>
          <value>789654</value>
        </parameter>
        <parameter>
          <name>maxActive</name>
          <value>20</value>
        </parameter>
```

```
        <parameter>
          <name>maxIdle</name>
          <value>20</value>
        </parameter>
        <parameter>
          <name>maxWait</name>
          <value>-1</value>
        </parameter>
      </ResourceParams>
    </Context>
  </Host>
```

思考与练习

一、填空题

1. 在 HTML 语言里，使用_____和_____来表示 ASP 脚本代码的开始和结束。

2. 网页通常可以分_____和_____。

3. ASP 的 Web 服务器通常采用的是_____。

4. ADO 的三个核心对象是_____、_____、_____。

5. ODBC 数据源分为_____、_____、_____三种。

6. ADO 除了可用数据源来连接数据库外，还可通过_____和_____链接字符串来实现数据库的。

7. ASP 动态网页文件的扩展名为_____。

8. 静态网页 URL 的扩展名通常以_____、_____、_____、_____等形式出现，动态网页 URL 的扩展名通常以_____、_____、_____、_____等形式出现。

9. 输入当前日期的 ASP 代码_____。

10. VBScript 中，_____函数提供输入对话框；_____函数或_____语句提供输出对话框。

二、选择题

1. 如果某网站的主页为动态网页，则其文件名可能是（　　）。

　　A．default.asp　　　B．index.html　　　　C．index.asp　　　　D．default.html

2. 下列说法中，不是动态网页的优点的是（　　）。

　　A．相对于静态网页，动态网页不太容易被搜索引擎收录

　　B．动态网页以数据库技术为基础，可以大大降低网站维护的工作量

　　C．网站采用数据库和网站分开的模式，网站的安全性较高

　　D．采用动态网页技术的网站可以实现更多的功能

3. ASP 获取服务器当前年份正确的代码是（　　）。

　　A．<%=Year(now())%>　　　　　　　B．<%=Year()%>

　　C．<%Response.write(Year(now()))%>　　D．<%Response.write(Year())%>

4. 如下所示 ASP 代码，输出结果是（　　）。

```
<%
```

```
Response.write("Hello")
Response.write("World")
%>
```

    A. Hello   B. World   C. HelloWorld   D. Hello World

5. 下面 ASP 代码输出结果是（   ）。

```
<%    i=1
      While(i<=5)
          Response.write(i)
          i=i+2
Wend
%>
```

    A. 135   B. 12345   C. 1234   D. 123

三、名词解释

1. ASP 2. ODBC 3. ADO 4. ODBC 数据源 5. IIS 6. 虚拟目录 7. ASP 应用程序

四、简答题

1. 什么是动态网页？

2. 静态网页与动态网页的区别是什么？

3. 简述 ASP 页面的工作流程。

4. 在编写 ASP 代码时，如何声明所使用的脚本语言？

5. 简述 Request 对象和 Response 对象的作用及相互关系。

五、实操练习

实训 1：打印九九乘法表。效果如下所示：

1 × 1=1

2 × 1=2   2 × 2=4

3 × 1=3   3 × 2=6   3 × 3=9

4 × 1=4   4 × 2=8   4 × 3=12   4 × 4=16

5 × 1=5   5 × 2=10   5 × 3=15   5 × 4=20   5 × 5=25

6 × 1=6   6 × 2=12   6 × 3=18   6 × 4=24   6 × 5=30   6 × 6=36

7 × 1=7   7 × 2=14   7 × 3=21   7 × 4=28   7 × 5=35   7 × 6=42   7 × 7=49

8 × 1=8   8 × 2=16   8 × 3=24   8 × 4=32   8 × 5=40   8 × 6=48   8 × 7=56   8 × 8=64

9 × 1=9   9 × 2=18   9 × 3=27   9 × 4=36   9 × 5=45   9 × 6=54   9 × 7=63   9 × 8=72   9 × 9=81

实训 2：打印菱形图案效果如下所示：

```
   *
  ***
 *****
*******
 *******
  *****
   ***
    *
```

实训3：要求用 while 循环打印 1 ~ 100 之间的所有奇数，用 for 循环打印 2 ~ 100 之间的所有偶数。效果如下所示：

用 while 循环打印 1 ~ 100 之间的奇数 1 3 5 7 9 11 13 15 17 19 21 23 25 27 29 31 33 35 37 39 41 43 45 47 49 51 53 55 57 59 61 63 65 67 69 71 73 75 77 79 81 83 85 87 89 91 93 95 97 99。

用 for 循环打印 2 ~ 100 之间的偶数 2 4 6 8 10 12 14 16 18 20 22 24 26 28 30 32 34 36 38 40 42 44 46 48 50 52 54 56 58 60 62 64 66 68 70 72 74 76 78 80 82 84 86 88 90 92 94 96 98 100。

实训4：制作留言薄系统。

1. 留言信息在首页 index. asp 上滚动显示，如图 18-44 所示。

2. 在首页上单击"我要留言"进入留言页面 ly. html，如图 18-45 所示，要求各字段信息必填，即带 * 的必填。

3. 页面间的信息提示由读者自行设置，如"带 * 内容必填"、"留言成功，按确定按钮返回首页"等。

图 18-44　首页界面

图 18-45　"留言薄系统"界面

项目十九

移动设备网页开发应用

学习目标

- ❏ 了解 jQuery Mobile 框架。
- ❏ 会创建移动设备网页。
- ❏ 会测试移动设备网页。

项目简介

随着智能手机、平板等移动设备的普及，基于传统 PC 开发的网页并不适应在移动设备上浏览显示。Dreamweaver 基于流体网格的 CSS 布局，采用 HTML5 和 CCS3.0 技术，实现应对不同屏幕尺寸的最合适的 CSS 布局，可创建跨平台和跨浏览器的兼容网页设计。在使用流体网格生成 Web 页时，布局及其内容会自动适应各种不同设备，如台式机、智能手机、平板等设备。该项目需要读者了解 jQuery Mobile 框架，会创建移动设备网页，会多屏预览测试移动设备网页、会搭建移动开发环境。

本项目需要完成的任务：

任务一　通过流体网格布局创建移动设备网页。

任务二　通过示例文件创建移动设备网页。

项目实施

任务一　通过流体网格布局创建移动设备网页

一、任务描述

随着各种智能设备的广泛应用，网站的布局必须对显示该网站的设备的尺寸作出自适应，以满足不同设备浏览访问的需要。流体网格布局为创建与显示网站的设备相符的不同布局提供了一种可视化的方式。本任务需要掌握通过流体网格布局创建移动设备网页的方法以及会对移动设备网页进行预览测试。任务要求如下。

（1）创建流体网格布局。

（2）插入流体网格元素。

（3）多屏预览页面。

二、任务实施

1. 创建流体网格布局

单击"文件"菜单中的"新建流体网格布局"，弹出图 19-1 所示"新建文档"对话框（注：媒体类型的中央将显示网格中列数的默认值。可编辑自定义设备的列数），单击"流体风格布局"（文档类型选择"HTML5"），单击"创建"按钮，弹出"将样式表文件另存为"对话框。

如图 19-2 所示，样式文件保存路径选择"webtest\项目 19，文件名为 Mobile.css。保存文件，路径选择"webtest\项目 19，文件名为 19-1.html，此时系统会提示将依赖文件（boilerplate.css 和 respond.min.js）保存到计算机上的某个位置。如图 19-3 所示，路径选择"webtest\项目 19，单击"复制"按钮。此时，创建流体网格布局完成，生成图 19-4 所示的页面。

> 💡 提示：boilerplate.css 是基于 HTML5 的样式文件，该文件是一组 CSS 样式，可确保在多个设备上渲染网页的方式保持一致。respond.min.js 是一个 JavaScript 库，可帮助在旧版本的浏览器中向媒体查询提供支持。

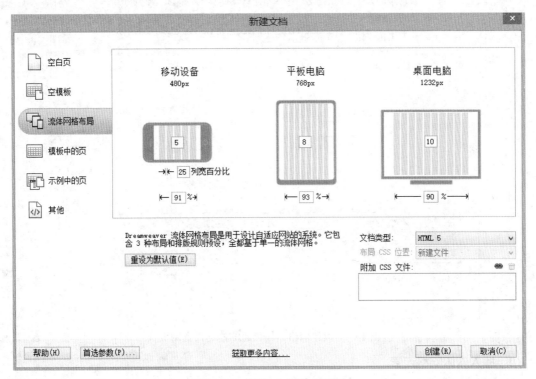

图 19-1 "新建文档"对话框

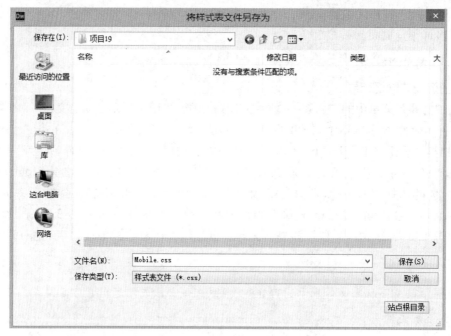

图 19-2 "将样式表文件另存为"对话框

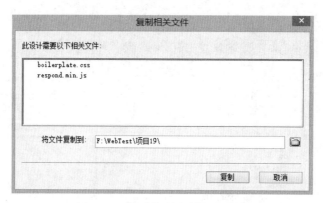

图 19-3 "复制相关文件"对话框

图 19-4 流体网格布局创建的移动设备网页

2. 插入流体网格元素

单击"窗口"中的"插入"按钮，会列出可在流动网格布局中使用的元素。在插入元素时，可作为流体元素插入它。

下面以插入"Spry 菜单栏"为例：注释掉默认生成的 DIV 标签→在"插入"面板中，选择"布局"→在"标准"选项中单击"Spry 菜单栏"，设计页面如图 19-5 所示。

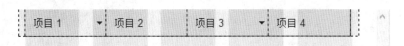

图 19-5 插入 Spry 菜单栏页面设计效果

3. 多屏预览页面

单击"文件"中的"多屏预览"，浏览效果如图 19-6 所示。

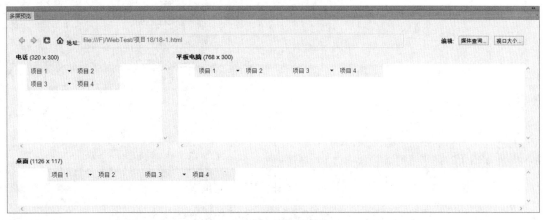

图 19-6 页面多屏预览效果图

> 💡 **提示**：页面文档参考"WebTest / 项目 19/19-1.html"。

任务二 通过示例文件创建移动设备网页

一、任务描述

通过前一任务的学习，我们对创建移动设备网页有了一定的认识，我们还可以通过"示例中的页"创建移动设备网页。本任务需要掌握通过示例文件创建移动设备网页的方法以及对移动设备网页进行预览测试。任务要求如下。

（1）创建示例文件。

（2）插入流体网格元素。

（3）多屏预览页面。

二、任务实施

1. 创建示例文件

单击"文件"菜单中的"新建流体网格布局"，弹出图 19-6 所示"新建文档"对话框→单击"示例中的页"→"示例文件夹"选择"Mobile 起始页"，"示例页"选择"jQuery Mobile（本地）"，如图 19-7 所示→单击"创建"按钮→保存文件，路径选择"WebTest\ 项目 19"，文件名为 19-2.html，按"保存"按钮时，弹出"复制相关文件"对话框，如图 19-8 所示，单击"复制"按钮→此时，页面创建完成，生成图 19-9 所示的页面。

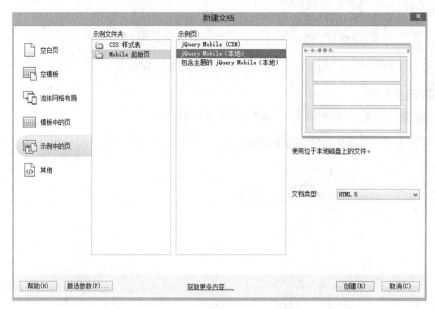

图 19-7 "新建文档"对话框

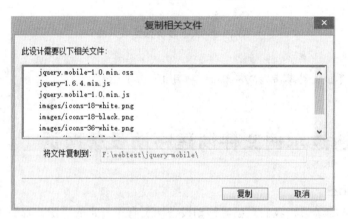

图 19-8 "复制相关文件"对话框

图 19-9 示例文件创建的移动设备网页

2. 插入流体网格元素方法

单击"窗口"中的"插入"按钮→选择需要插入的流体元素。

> 提示：用户可以修改文档中的内容。

3. 多屏预览页面

单击"文件"中的"多屏预览"按钮，浏览效果如图 19-10 所示。

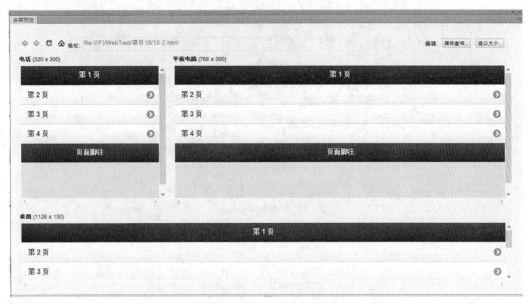

图 19-10   通过示例文件创建移动设备网页默认多屏预览效果图

> 💡 **提示：** 页面文档参考"WebTest / 项目 19/19-2.html"。

知识拓展

一、认识 jQuery Mobile

jQuery Mobile 是 jQuery 在手机上和平板设备上的版本。jQuery Mobile 不仅会给主流移动平台带来 jQuery 核心库，而且会发布一个完整统一的 jQuery 移动用户界面（UI）框架。支持全球主流的移动平台，如 IOS、Android、BlackBerry、WebOS、Mozilla、Windows Mobile、BaDa、MeeGo 等移动平台。jQuery Mobile 框架的整体大小比较小，JavaScript 库大小为 12 KB，CSS 文件大小为 6 KB。此框架简单易用，页面开发主要使用标记，无须或很少使用 JavaScript。jQuery Mobile 依赖 HTML5 data-* 属性来支持各种 UI 元素、过渡和页面结构。

二、jQuery Mobile 基本页面结构

jQuery Mobile 基本页面结构如下：

```
<!DOCTYPE html>
<html>
    <head>
        <title>jQuery Mobile基本页面结构</title>
        <link href="../jquery-mobile/jquery.mobile-1.0.min.css"
rel="stylesheet" type="text/css"/>
        <script src="../jquery-mobile/jquery-1.6.4.min.js" type="text/
javascript"></script>
```

```
            <script src="../jquery-mobile/jquery.mobile-1.0.min.js" type="text/
javascript"></script>
        </head>
        <body>
            <div data-role="page" id="home">
                <div data-role="header">
                    <h1>标题</h1>
                </div>
                <div data-role="content">
                    <p>内容</p>
                </div>
                <div data-role="footer">
                    <h4>页脚</h4>
                </div>
            </div>
        </body>
</html>
```

其中，如下代码在创建"新建流体网格布局"中的"示例中的页"时自动生成 CSS 和 JS 文件，并自动插入到 head 标签内。

```
<link href="../jquery-mobile/jquery.mobile-1.0.min.css" rel="stylesheet"
type="text/css"/>
    <script src="../jquery-mobile/jquery-1.6.4.min.js" type="text/
javascript"></script>
    <script src="../jquery-mobile/jquery.mobile-1.0.min.js" type="text/
javascript"></script>
```

在 body 标签内填写如下代码：

```
<div data-role="page" id="home">
    <div data-role="header">
<h1>标题</h1>
    </div>
    <div data-role="content">
        <p>内容</p>
    </div>
    <div data-role="footer">
        <h4>页脚</h4>
    </div>
 </div>
```

如要显示多页信息，可复制上面代码并作修改即可。

> 提示：jQuery Mobile 更多讲解请参考其他相关书籍或网络资料。参考网址：http://www.lampweb.org/jquerymobile/1/

思考与练习

简答题

1. 移动开发有几种方式？
2. 基于 HTML5 的移动 Web 开发支持哪些功能？
3. 简述使用 Dreamweaver 开发工具创建移动设备网页的方法。

附录 A　HTML5 标签

标　　签	描　　述
<!--...-->	定义注释
<!DOCTYPE>	定义文档类型
<a>	定义超链接
<abbr>	定义缩写
<acronym>	定义只取首字母的缩写
<address>	定义文档作者或拥有者的联系信息
<applet>	不赞成使用。定义嵌入的 applet
<area>	定义图像映射内部的区域
<article>	定义文章
<aside>	定义页面内容之外的内容
<audio>	定义声音内容
<b>	定义粗体字
<base>	定义页面中所有链接的默认地址或默认目标
<basefont>	不赞成使用。定义页面中文本的默认字体、颜色或尺寸
<bdi>	定义文本的文本方向，使其脱离其周围文本的方向设置
<bdo>	定义文字方向
<big>	定义大号文本
<blockquote>	定义长的引用
<body>	定义文档的主体
 	定义简单的折行
<button>	定义按钮（push button）
<canvas>	定义图形
<caption>	定义表格标题
<center>	不赞成使用。定义居中文本

标　　签	描　　述
<cite>	定义引用（citation）
<code>	定义计算机代码文本
<col>	定义表格中一个或多个列的属性值
<colgroup>	定义表格中供格式化的列组
<command>	定义命令按钮
<datalist>	定义下拉列表
<dd>	定义定义列表中项目的描述
<del>	定义被删除文本
<details>	定义元素的细节
<dir>	不赞成使用。定义目录列表
<div>	定义文档中的节
<dfn>	定义定义项目
<dialog>	定义对话框或窗口
<dl>	定义定义列表
<dt>	定义定义列表中的项目
<em>	定义强调文本
<embed>	定义外部交互内容或插件
<fieldset>	定义围绕表单中元素的边框
<figcaption>	定义 figure 元素的标题
<figure>	定义媒介内容的分组，以及它们的标题
<font>	不赞成使用。定义文字的字体、尺寸和颜色
<footer>	定义 section 或 page 的页脚
<form>	定义供用户输入的 HTML 表单
<frame>	定义框架集的窗口或框架
<frameset>	定义框架集
<h1> to <h6>	定义 HTML 标题
<head>	定义关于文档的信息
<header>	定义 section 或 page 的页眉
<hr>	定义水平线
<html>	定义 HTML 文档
<i>	定义斜体字
<iframe>	定义内联框架
<img>	定义图像
<input>	定义输入控件

标　签	描　述
<ins>	定义被插入文本
<isindex>	不赞成使用。定义与文档相关的可搜索索引
<kbd>	定义键盘文本
<keygen>	定义生成密钥
<label>	定义 input 元素的标注
<legend>	定义 fieldset 元素的标题
<li>	定义列表的项目
<link>	定义文档与外部资源的关系
<map>	定义图像映射
<mark>	定义有记号的文本
<menu>	定义命令的列表或菜单
<menuitem>	定义用户可以从弹出菜单调用的命令 / 菜单项目
<meta>	定义关于 HTML 文档的元信息
<meter>	定义预定义范围内的度量
<nav>	定义导航链接
<noframes>	定义针对不支持框架的用户的替代内容
<noscript>	定义针对不支持客户端脚本的用户的替代内容
<object>	定义内嵌对象
<ol>	定义有序列表
<optgroup>	定义选择列表中相关选项的组合
<option>	定义选择列表中的选项
<output>	定义输出的一些类型
<p>	定义段落
<param>	定义对象的参数
<pre>	定义预格式文本
<progress>	定义任何类型的任务的进度
<q>	定义短的引用
<rp>	定义若浏览器不支持 ruby 元素显示的内容
<rt>	定义 ruby 注释的解释
<ruby>	定义 ruby 注释
<s>	不赞成使用。定义加删除线的文本
<samp>	定义计算机代码样本
<script>	定义客户端脚本
<section>	定义 section

标　签	描　　述
\<select\>	定义选择列表（下拉列表）
\<small\>	定义小号文本
\<source\>	定义媒介源
\<span\>	定义文档中的节
\<strike\>	不赞成使用。定义加删除线文本
\<strong\>	定义强调文本
\<style\>	定义文档的样式信息
\<sub\>	定义下标文本
\<summary\>	为 \<details\> 元素定义可见的标题
\<sup\>	定义上标文本
\<table\>	定义表格
\<tbody\>	定义表格中的主体内容
\<td\>	定义表格中的单元
\<textarea\>	定义多行的文本输入控件
\<tfoot\>	定义表格中的表注内容（脚注）
\<th\>	定义表格中的表头单元格
\<thead\>	定义表格中的表头内容
\<time\>	定义日期／时间
\<title\>	定义文档的标题
\<tr\>	定义表格中的行
\<track\>	定义用在媒体播放器中的文本轨道
\<tt\>	定义打字机文本
\<u\>	不赞成使用。定义下画线文本
\<ul\>	定义无序列表
\<var\>	定义文本的变量部分
\<video\>	定义视频
\<wbr\>	定义视频
\<xmp\>	不赞成使用。定义预格式文本

附录 B　ASP 函数及对象

函数名	函数作用	举例
1. 数学函数		
int(x)	取整函数，取不大于 x 的最大整数	Int(2.5)，值为 2
fix(x)	取整函数，舍去 x 的小数部分	Fix(6.56)，值为 6
Rnd()	随机数据函数，返回一个 0 到 1 的随机数	
abs(x)	绝对值函数，求 x 的绝对值	Abs(-10)，值为 10
sgn(x)	判断数值正负函数，x>0 返回 1; x=0 返回 0; x<0 返回 -1	sgn(10)，值为 1；sgn(10)，值为 -1
round(x,n)	四舍五入函数，x 四舍五入取 n 位小数位	Round(3.1415,3)，值为 3.142
sqr(x)	平方根函数，求 x 的算术平方根，x 必须大于 0	sqr(9)，值为 3
exp(x)	指数函数，求以 e 为底 x 为指数的值	exp(1)，值为 2.71828182845905
log(x)	对数函数，求以 e 为底的对数函数值	log(1)，值为 0
hex(x)	数制转换函数，十进制转换为对应的十六进制数	hex(20)，值为 14
oct(x)	数制转换函数，十进制转换为对应的八进制数	oct(20)，值为 24
sin(x)	三角函数，求 x 的正弦值	以弧度为值计算，弧度 =（角度 *Pai)/180
con(x)	三角函数，求 x 的余弦值	
tan(x)	三角函数，求 x 的正切值	
atn(x)	三角函数，求 x 的反正切值	
2. 日期时间函数		
now()	系统日期时间函数，读取系统当前日期时间	
date()	系统日期时间函数，读取系统当前日期	
time()	系统日期时间函数，读取系统当前时间	
year(日期字符串)	日期时间分解函数，返回日期字符串中的年份	year("2015-9-6")，值为 2015
month(日期字符串)	日期时间分解函数，返回日期字符串中的月份	month("2015-9-6")，值为 9
day(日期字符串)	日期时间分解函数，返回日期字符串中的日子	day("2015-9-6")，值为 6
weekday(日期字符串)	日期时间分解函数，返回日期字符串中的星期	weekday("2015-9-6")，值为 1
hour(时间字符串)	日期时间分解函数，返回时间字符串中的小时	hour("18:20:30")，值为 18
minute(时间字符串)	日期时间分解函数，返回时间字符串中的分钟	minute("18:20:30")，值为 20
secont(时间字符串)	日期时间分解函数，返回时间字符串中的秒数	second("18:20:30")，值为 30
dateValue(日期字符串)	日期数值化函数	dateValue("2015-9-6")，值为 2015/9/6
timeValue(时间字符串)	时间数值化函数	timeValue("18:20:30")，值为 18:20:30
dateSerial(年 , 月 , 日)	日期时间运算函数，把年月日连接成日期字符串	dateSerial(2015,9,6)，值为 2015/9/6
timeSerial(时 , 分 , 秒)	日期时间运算函数，把时分秒连接成时间字符串	timeSerial(18,20,30)，值为 18:20:30
timer()	日期时间运算函数，计算午夜起至当前系统时间所历经的秒数	
3. 字符串处理函数		
Trim(字符串)	删除空格函数，删除字符串两端空格字	Trim(" abc ")，值为 abc
LTrim(字符串)	删除空格函数，删除字符串左端空格字符	LTrim(" abc ")，值为 abc
RTrim(字符串)	删除空格函数，删除字符串右端空格字符	RTrim(" abc ")，值为 abc
left(字符串 ,n)	截取字符串函数，截取字符串左端 n 个字符	left("abcdef",3)，值为 abc
right(字符串，n)	截取字符串函数，截取字符串右端 n 个字符	right("abcdef",3)，值为 def
mid(字符串 ,n,m)	截取字符串函数，截取字符串中间从 m 个字符起的 n 个字符	mid("abcdef",3,2)，值为 cd
mid(字符串 ,m)	截取字符串函数，截取字符串第 m 个字符起至末尾的所有字符	mid("abcdef",3)，值为 cdef
len （字符串）	字符测长函数，返回字符串中所包含的字符个数	len("abcdef")，值为 6

续表

函数名	函数作用	举例
string(n, 字符串)	字符生成函数，生成 n 个字符串首字母	string(3,"abcd")，值为 aaa
space(n)	字符生成函数，生成 n 个空格	
Ucase(字符串)	大小写转换函数，把字符串中的字母转换为大写字母	Ucase("abc")，值为 ABC
Lcase(字符串)	大小写转换函数，把字符串中的字母转换为小写字母	Lcase("aBc")，值为 abc
Chr(表达式)	字符转换函数，求以表达式值为 ASCII 码的对应字符	Chr(97)，值为 a
Asc（字符串）	字符转换函数，求字符串中首字符的 ASCII 码	Asc("abc")，值为 97

4. 数据类型转换函数

函数名	函数作用	举例
Cint（数值表达式）	转整型函数，把数值表达式的值转换为整型，小数四舍五入	Cint(123.5)，值为整型数值 124
Clng（数值表达式）	转长整型函数，把数值表达式值转换为长整型，小数四舍五入	Clng(123.5)，值为长整型数值 124
Cstr（数值表达式）	字符转换函数，把数值表达式的值转换为对应的字符串	Cstr(123.5)，值为字符串 123.5
Ccur（数值表达式）	转货币型函数，把数值表达式值转换为货币型	Ccur(123.5)，值为¥123.5
Cdbl（数值表达式）	转双精度型函数，把数值表达式值转换为双精度型	Cdbl(123.5)，值为双精度型 123.5
Csng（数值表达式）	转单精度型函数，把数值表达式值转换为单精度型	Csng(123.5)，值为单精度型 123.5
Cdate（表达式）	转日期型函数，把表达式值转换为日期型	Cdate("2015-9-6")，值为 2015/9/6

5. 输出格式函数

函数名	函数作用	举例
FormatDateTime（日期时间字符串，n）	时间格式函数，n=0，显示日期 / 或时间；n=1，长日期格式显示日期；n=2，短日期格式显示日期；n=3，使用 24 小时格式 (hh:mm:ss) 显示时间；n=4，使用 24 小时格式 (hh:mm) 显示时间	formatdatetime("2015-9-6 18:20:30",0)，值为 2015/9/6 18:20:30
formatNumber(x,n)	数值格式函数，把数值格式化为带 n 位小数点的数	formatNumber(56,2)，值为 56.00

6. 交互式函数

函数名	函数作用	举例
InputBox(提示信息 [, 标题][, 默认数据])	输入函数，产生一个对话框作为用户输入数据的界面，并返回输入的内容	InputBox(" 请输入您的大名："," 输入姓名 "," 张三 ")
MsgBox(信息内容 [, 界面风格参数][, 标题])	输出函数，产生一个对话框作为反馈一些信息用来提示用户	MsgBox(" 您要访问城管院网站吗 ?",vbYesNo+vbQuestion," 提示信息 ")

7. ASP 对象

函数名	函数作用	举例
Response	Response.write StrVar/String：向网页出信息	Response.write("Hellow")
	Response.End：停止页面编译	response.End()
	Response.Buffer=True|False：页面编译时是否使用缓存设置，一般在页面头部设置	Response.Buffer=True
	Response.Flush：强制输出页面已编译部分内容	response.Flush()
	Response.Clear：将缓冲区内的数据清除	response.Clear()
	Response.Redirect URL：停止页面编译或输出，转载指定所需页面	response.Redirect("http://www.baidu.com")
	Response.IsClientConnected，返回 True|False：检测用户是否还处于连接状态	response.Write(response.IsClientConnected)
	Response.Charset(CharsetName)：设置页面编码类型	Response.Charset=" utf-8"
	Response.ContentType [= ContentType]：设置页面文件类型	response.ContentType ="text/html"，网页格式
	Response.Expires [= number]：设置页面失效时间，单位分钟	response.Expires=10，页面 10 钟失效
	Response.ExpiresAbsolute [= [date] [time> ：设置页面失效的绝对时间	Response.ExpiresAbsolute=#May 31,1996 13:30:15#
	Response.Status = StatusDescription：设置页面状态描述	Response.Status = "401 Unauthorized"

函数名	函数作用	举例
Request	Request.form（"VariableName"）：读取 Post 方法传递的表单域的值	Request.form("UserName")
	Request.querystring（"VariableName"）：读取 Get 方法传递的表单值如？ VariableName = value	Request.querystring("VariableName")
	Request.Cookies(VariableName)：读取 HTTP 请求中发送的 cookie 值	Request.Cookies(name)
	Request.ServerVaribles(Server Environment Variable)：读取客户端系统环境变量	Request.ServerVariables("ALL_HTTP")
Session：（用户全局变量	Session("SesName") = value：存储 Session 变量值，也可读取该值	Session("SesName") = "张三"
	Session.TimeOut=num：设置 Session 变量的存在时效，单位分钟	Session.TimeOut=10
	Session.Abandon：清除所有 Session 变量值	session.Abandon()
	Session.SessionID：Session 变量的 ID 序列号，只读，一个 ASP 页面只分配一个 Session	Var sessionID sessionID =session.SessionID
	判断 Session 值是否存在的两种方法：（1）IsEmpty(Session（"SesName"）)=True|False（2）Session("SesName") = Empty	If Session("sesName") = Empty Then … If IsEmpty(Session("sesName")) Then …
Application：（应用程序全局变量）	Application("AppName") = value：存储 Application 变量值，也可读取该值	Application("AppName") = value
	Application.Lock：Application 变量值锁定，防止同时更改变量值	application.Lock()
	Application.UnLock：Application 变量值解锁，允许更改变量值	application.UnLock()
	判断 Application 值是否存在的两种方法：（1）Application（"AppName"）= Empty；（2）IsEmpty(Application("AppName"))=True|False	If Application("AppName")= Empty Then … If IsEmpty(Application("AppName")) Then …
Server	Server.MapPath("FileUrl")：映射文件名的服务器站点绝对地址，Path=Server.MapPath(./) 可以得到虚拟目录根路径	
	Server.HtmlEncode("string")：转换为可以直接显示带 HTML 格式的字符串	
	Server.URLEncode("string")：转换为浏览器地址编码	
ookies: 存储在用户本机的临时变量		

附录 C　思考与练习参考答案

项目一　网页制作开发工具与开发语言

简答题

1．答：

第一步：配置 Java 开发工具（JDK）。

（1）安装 JDK。

（2）配置 JDK 环境变量。

第二步：设置 Web 服务器，即 Tomcat。

（1）安装并启动 Tomcat 服务器。

（2）部署 Web 应用。

（3）建立虚拟目录。

2．答：

第一步：安装 IIS 服务

在"控制面板"中单击"程序"，单击启用或关闭 Windows 功能，勾选 IIS 服务项。

第二步：配置 Web 服务器，即 IIS

在"控制面板"中单击"计算机管理"，在"服务和应用程序"中单击"Internet Information Services(IIS) 管理器"，单击计算机名称，右击"网站"，在弹出的快捷菜单中选择"添加网站"，输入网站名称，选择网站的物理地址，按"确定"按钮即可完成设置。

项目二　创建与管理站点

一、填空题

1．新建站点、编辑站点、复制站点、删除站点、导入或导出站点

2．本地根文件夹、远程文件夹、测试服务器文件夹

3．更新与维护阶段　4．基本、高级　5．站点 / 管理站点

二、选择题

1．B　2．ABC　3．ABD　4．C　5．AC　6．AB　7．A　8．A　9．ABD

三、简答题

1．答：(1) 不要将网站制作所有文件都存放在根目录下；(2) 按栏目内容建立子目录；(3) 在每个主目录下都建立独立 Images 目录；(4) 目录的层次不要太深，一般不要超过 3 层；(5) 目录名不宜过长，建议使用简单的英文单词或者汉语拼音及其缩写形式做目录名。

2．答：(1) 本地根文件夹：用于存储正在处理的文件的文件夹称为本地根文件夹，一般位于本地计算机上；(2) 远程文件夹：存储用于测试、生产和协作工作等用途的文件，一般位于 Web 服务器计算机上；(3) 测试服务器文件夹：用于处理动态页的文件夹。

3．答：(1) 站点：是一种管理网站中所有文件的工具，站点就是一个文件夹，是关于网站中所存放文件的一个集合；(2) 本地站点：直接建立在本地计算机上的站点。一般为网站开发者的计算机工作目录，是存放网页、素材的本地文件夹，开发者能够在本地计算机的磁

盘上构建出整个网站，编辑相应的文档并对站点进行管理；（3）远程站点：发布到 Web 服务器上的站点。人们在 Internet 上浏览的各种网站，其实就是用浏览器打开存储于 Internet 服务器上的网页文件以及与网页相关的各种资源。通常将存储在 Internet 服务器上的站点称为远程站点。

4. 答：（1）定义站点，即明确建立网站的目的，确定网站提供的内容，以及网站资料的搜集。（2）建立网站结构，即要规划出网站的外观及其工作方式。（3）首页的设计和制作。（4）制作其他页面，需要注意以下几点：①要和首页保持相同的风格；②要有返回首页的超级链接；③目录结构最好不要超过 3 层。（5）测试，主要包括网页的测试及网站的验证与调试等方面的内容。（6）发布和维护，当网站制作完成并验证与调试正确后，即可将该网站发布到 Internet 服务器上，在服务器上发布后，还需要对网站定期维护。

项目三　认识 HTML 文档及 HTML 标签

一、填空题

1. 静态网页　2. HTML、超文本标记语言　3. 段落标记 <p></p>、换行标记

4.
、<p></p>　5. <html></html>、<body></body>、<title></title>　6. 超文本标记

7. "预览 / 调试" 按钮中选择 "预览在 IExplore" 选项、按【F12】快捷键、文件菜单 "浏览器中预览"

二、选择题

1. ABCD　2. A　3. ABD　4. AD　5. A　6. A　7. C　8. B　9. A　10. A

11. B　12. C　13. A　14. D　15. ABC　16. ABD　17. A　18. B　19. C

三、简答题

1. 答：<html></html>、<head></head>、<body></body>。

2. 答：<head> 和 </head> 之间的部分被称为文件头，用于定义文档的头部，它是所有头部元素的容器，之间的大部分内容不会在浏览器中显示。其间可以添加 title 标题、关键字描述、加载外部的 css 以及 js，<head> 标签对网站的描述和对网站优化起到一定的作用。

3. 答：<head> 和 </head> 之间的部分被称为文件头，用于定义文档的头部，它是所有头部元素的容器。<head></head> 里可以添加 title 标题、关键字、描述、加载外部的 css 以及 js 等，之间的大部分内容不会在浏览器中显示，但对网页的优化起到一定的作用。

4. 答：meta 标签是用来在 HTML 文档中模拟 HTTP 协议的响应头报文。meta 标签是 HTML 标记 head 区的一个关键标签，meta 标签位于网页的 <head> 与 </head> 中，meta 标签在网站的网页中具有很重要的作用。它提供的信息虽然用户不可见，但却是文档的最基本的元信息。meta 除了提供文档字符集、使用语言、作者等基本信息外，还涉及对关键词和网页等级的设定。

项目四　文本元素应用

一、填空

1.【Enter】、【Shift+Enter】　2. <hr \>　3. <h1>、<h2>、<h3>、<h4>、<h5>、<h6>

4. 直接输入、从外部文件中粘贴、从外部文件中导入

5．<p></p>、

二、选择题

1．ABCD　2．ABC　3．BC　4．ABC

三、简答题

1．答：（1）分段换行：一般直接按【Enter】键实现，上下段之间自动空出一行来分隔，建立新的段落，HTML 标记为 <p></p>；（2）强制换行：一般按【Shift + Enter】组合键用来强制换行，不分段，属于同一段，行与行之间不会出现空行，HTML 标记为
；（3）自动换行：在遇到文档窗口边界时换行，随着窗口大小的调整文本换行也进行调整。

项目五　图像元素应用

一、填空题

1．<img>、src、alt　2．jpg、gif、png　3．热点工具　4．gif、png

二、选择题

1．ABC　2．B　3．C　4．A　5．AB　6．A　7．B　8．B

三、简答题

1．答：（1）网页中插入的普通图像是页面显示时的真实图像，而图像占位符只是在网页设计布局时临时代替真实图像。（2）插入图像点位符的图像标签的 src 属性为空，而插入普通图像的图像标签的 src 属性为具体的图像链接地址或路径。

2．答：背景图像中的"重复"属性可以控制图像的显示方式，"重复"共有四种方式：（1）repeat：是全屏平铺，图像将在上下左右重复铺满整个屏幕；（2）no-repeat：是不重复，图片位于左上角，以图像真实大小显示；（3）repeat-x 是图片横向重复，图像将从左上至右上进行重复；（4）repeat-y 是图片纵向重复，图像将从左上至左下进行重复。

项目六　多媒体元素应用

一、填空题

1．< bgsound >　2．Adobe Flash player　3．Flash　4．autostart、true、loop、true

二、选择题

1．A　2．B　3．ABCD　4．B　5．ABC

项目七　超链接元素应用

一、填空题

1．外部链接、内部链接、锚记链接　2．绝对路径、站点根目录相对路径和文档相对路径

3．_blank、new、_parent、_self、_top　4．<a>

二、选择题

1．D　2．A　3．B　4．C　5．A　6．ABC　7．A　8．BD　9．A　10．B

三、简答题

1．答：选中要添加链接的元素，单击"属性"面板"链接"后的"浏览文件"按钮，弹出"选

择文件"对话框，选择要链接到的网页文件，即可链接到这个网页。

2．答：选中要添加链接的元素，直接在"属性"面板中的"链接"文本框中输入链接文件的绝对路径（网址）。

3．答：(1) 创建命名锚记：将光标置于要创建锚记的地方，选择"插入"菜单，选择"命名锚记"选项，在打开的"命名锚记"对话框中的"锚记名称"文本框中输入锚记的名称，单击"确定"按钮。(2) 链接到命名锚记：选中锚记名称前的对象，如文本、图片等，在属性面板"链接"文本框中输入锚记名称"#bottom"即可。

项目八　表格元素应用

一、填空题

1．<table></Ttable>、<tr></tr>、<td></td>　2．【Tab】　3．框架、DIV+CSS

二、选择题

1．ABCD　2．D　3．B　4．AC　5．ABCD　6．D　7．ABC

三、简答题

1．答：(1) 表格为 3 行 2 列；(2) 表格的边框粗细、单元格边距和单元格间距分别是 1 px、2 px、3 px；(3) 表格的宽和高分别是 500 px、300 px。

2．答：

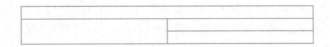

3．答：在 Dreamweaver 中，表格是用于在页面上显示表格式数据、对文本和图像等元素进行布局的强有力的工具，表格布局是目前最常见的网页布局方式之一。

4．答：(1) 整个网页不要放在一个表格里，尽量使用多个表格来进行布局。

(2) 表格的嵌套层次尽量少。

(3) 单一表格的结构尽量整齐，不要太复杂。

项目九　框架元素应用

一、填空题

1．frameset、frame　2．iframe　3．文件、文档、2、导航　4．框架集(frameset)、框架(frame)

5．src、rows、cols　6．3

二、选择题

1．ABD　2．BCD　3．B　4．B　5．CD　6．D　7．ABC　8．C　9．ABCD　10．ABC
11．A　12．D　13．D

三、简答题

1．答：如果要删除多余的框架，用鼠标将其边框拖到父框架边框上或拖离页面即可。

2．答：选择框架和框架集通常有两种方法。

(1)在"框架"面板中进行选择。在菜单栏中选择"窗口"/"框架"命令，打开"框架"面板。"框架"面板以缩略图的形式列出了框架集及内部的框架，每个框架中间的文字就是框架的名称。

在"框架"面板中,直接单击需要的框架即可选择该框架,单击框架集的边框即可选择该框架集。被选择的框架和框架集,其周围出现黑色细线框。

(2)在编辑窗口中进行选择。按住【Alt】键不放,在所需的框架内单击即可选择该框架,被选择的框架边框将显示为虚线。单击需要选择的框架集边框即可选择该框架集,被选择的框架集边框也将显示为虚线。

项目十 表单元素应用

一、填空题

1.<form>、post、get　2.提交按钮　3.action　4.get、post

5.表单标签、表单域、表单按钮　6.表单　7.图像域　8.文件域

二、选择题

1.B　2.C　3.BC　4.ABCD　5.ABC　6.C　7.D

三、简答题

1.答:常规表单对象主要有表单、文本域、文本区域、单选按钮、复选框、列表／菜单、跳转菜单、图像域、文件域、隐藏域、字段集、标签、按钮等。

2.答:单选按钮一般以两个或者两个以上的形式出现,它的作用是让用户在两个或者多个选项中选择一项。同一组单选按钮的名称都是一样的,但其值是不同的。

复选框在表单中一般都不单独出现,而是多个复选框同时使用。同一组复选框的名称都是一样的,但其值是不同的。不是同一组的复选框的名称不同,但可以取相同的值。

项目十一 列表元素应用

一、填空题

1.<ul>、<ol>、<li>　2.<dl>、<dt>、<dd>　3.<dir>、<li>

4.实习圆点、数字有序列表　5.1、a、A、i、I

二、选择题

1.A　2.D　3.ABC

三、简单题

1.答:列表的类型通常有编号列表、项目列表、目录列表、菜单列表、定义列表等,但最经常使用的列表是项目列表和编号列表。

2.答:ol定义有序列表;ul定义无序列表;li定义列表项;dl定义定义列表;dt定义定义项目;dd定义定义的描述。

项目十二 网页元素综合应用

简答题

答:(1)在计算机磁盘(如D或E盘)上创建站点目录,并在站点根目录下按资源类别创建二级目录(如保存图片的文件夹用images,保存样式的文件夹用style等);(2)应用站点开发工具创建站点并管理站点;(3)站点规划,并准备页面素材;(4)页面设计与制作页面。

项目十三　CSS 样式表应用

一、填空题

1．类、ID、标签、复合内容　2．外联式、内联式、嵌入式　3．a:link、a:visited、a:hover、a:active
4．<style></style>　5．<head></head>　6．/* */　7．font-size　8．嵌入式或内页样式

二、选择题

1．A　2．B　3．A　4．B　5．D　6．B　7．D　8．A　9．C　10．A
11．C　12．A

三、简答题

1．答：(1) 代码精简，重用性高；(2) 网页加载速度快；(3) 优化搜索引擎；(4) 便于网站维护。

2．答：(1) CSS (Cascading Style Sheet)，即层叠样式表。(2) CSS 样式的作用主要是实现网页中的各种元素的准确定位，它可以帮助用户对网页的布局、字体、颜色、背景和其他图文效果实现更加精确的控制。同时 CSS 样式只需修改一个文件就可以改变一批网页的外观和格式，并保证在所有浏览器和平台之间的兼容性，使用户设计的网站拥有更少的编码、更少的页数和更快的下载速度。

3．答：当将两个或更多的样式应用于同一文本时，这样样式可能发生冲突并产生意外的结果。浏览器根据以下规则应用样式属性。(1) 如果将两种样式应用于同一文本，浏览器显示这两种样式的所有属性，除非特定的属性发生冲突；(2) 如果应用于同一文本的两种样式的属性发生冲突，则浏览器显示最里面的样式（离文本本身最近的样式）的属性。因此，如果外部样式表和内联 CSS 样式同时影响文本元素，则内联样式为其中所应用的那一个；(3) 如果有直接冲突，则 CSS 样式（使用 class 属性应用的样式）中的属性将取代 HTML 标签样式中的属性。

4．答：

```
<style type="text/css">
#mian {margin: 0 auto ;}
</style>
```

项目十四　DIV 层应用

一、填空题

1．一般层（即 div）、绝对定位层（即"ap div"）　2．<div></div>
3．绝对定位（absolute）、相对定位（relative）　4．div　5．float 属性
6．Default、Inherit、Visible、Hidden　7．前面

二、选择题

1．D　2．ABCD　3．C　4．B　5．B

三、简答题

1．答：层是 Dreamweaver 中用于页面的布局，是 CSS（层叠样式表）中的定位技术。层可以被定位在网页的任意位置，层中可以插入包含文本、图像等所有可以直接插入至网页的元素（除了框架），层也可以嵌套。熟练掌握层技术，可帮助用户在网页布局时具有更强大的

页面控制能力。

2．答：AP DIV 是 DIV 层定位的一种，是绝对定位。普通 DIV 没有设置 position 属性，默认为 static 状态。插入 DIV 标签是在当前位置插入固定层，默认没有任何表现属性，绘制 AP DIV 是在当前位置插入可移动层，也就是说这个层是浮动的，可以根据它的 top 和 left 来规定这个层的显示位置，插入时有默认属性。二者没有本质上的区别，当 DIV 标签加上相应属性时可成为 AP DIV。

项目十五　Spry 框架应用

一、填空题

1．JavaScript　2．Spry 菜单栏、Spry 选项卡式面板、Spry 折叠式面板、Spry 可折叠面板
3．Spry 菜单栏

二、简答题

1．答：Spry 验证表单对象主要有 Spry 验证文本域、Spry 验证文本区域、Spry 验证复选框和 Spry 验证选择。

2．答：Spry 框架是一个 JavaScript 库，Web 设计人员使用它能够向站点访问者提供体验更丰富的 Web 页。有了 Spry，就可以使用 HTML、CSS 和极少量的 JavaScript 将 XML 数据合并到 HTML 文档中，创建构件，向各种页面元素中添加不同种类的效果。

项目十六　JavaScript 应用

略

项目十七　应用行为创建页面动态效果

一、填空题

1．对象、事件、动作　2．行为　3．事件　4．【Shift+F4】　5．JavaScript

二、选择题

1．B　2．D　3．C　4．B　5．A　6．D　7．C

三、简答题

1．答：

（1）onBlur：事件会在对象失去焦点时发生；（2）onFocus：事件在对象获得焦点时发生；（3）onClick：事件会在对象被点击时发生；（4）onDblClick：事件会在对象被双击时发生；（5）事件会在页面或图像加载完成后立即发生；（6）onMouseDown：事件会在鼠标按键被按下时发生；（7）onMouseMove：事件会在鼠标指针移动时发生；（8）onMouseOut：事件会在鼠标指针移出指定的对象时发生；（9）onMouseOver：事件会在鼠标指针移动到指定的对象上时触发事件发生；（10）onMouseUp：事件会在鼠标按键被松开时发生；（11）onUnload：事件在用户退出页面时发生；（12）onError：事件会在文档或图像加载过程中发生错误时被触发；（13）onKeyDown：事件会在用户按下一个键盘按键时发生；（14）onKeyPress：事件会在键盘按键被按下并释放一个键时发生；（15）onKeyUp：事件会在键盘按键被松开时发生。

2．答：行为是由对象、事件和动作构成的。

3．答：

（1）①行为：是事件和该事件触发的动作的组合，事件是产生行为的条件，动作是行为的具体结果；②对象是产生行为的主体；③事件是由用户或浏览器所触发的选定行为动作的功能；④动作是事先编写的 JavaScript 代码，这些代码执行特定的任务，是最终产生的动态效果。

（2）行为是事件和该事件触发的动作的组合，事件是产生行为的条件，动作是行为的具体结果，对象是产生行为的主体。

项目十八　动态网页开发应用

一、填空题

1．<%、%>　2．静态网页、动态网页　3．IIS　4．Connection、Command、Recordset

5．用户数据源、系统数据源、文件数据源　6．ODBC 驱动程序、OLE DB 链接字符串

7．.asp　8．html、.htm、.shtml、.xml、.aspx、.asp、.jsp、.php

9．<%response.write (date()) %> 或 <%=date()%>　10．inputBox()、msgBox()、alert()

二、选择题

1．AC　2．A　3．AC　4．C　5．A

三、名词解释

1．答：ASP 是 Active Server Pages 的简称，是 Microsoft 公司的一套服务器端脚本环境，通过在标准的 HTML 网页中嵌入和使用 ASP 内建的对象和可安装的 ActiveX 组件并结合 VBScript 或 JavaScript 编程，建立动态的、可交互的、功能强大的 Web 页面，这种页面称为动态网页。

2．答：ODBC 是 Open Database Connectivity 的缩写，即开放式数据库连接，是 Microsoft 公司提供的数据库服务器连接标准，是一个数据库引擎或一种数据库驱动程序。它向访问各种 Web 数据库的应用程序提供一种通用接口。

3．答：ADO 是 ActiveX Data Object 的缩写，称为 ActiveX 数据对象，是 ASP 内置的一个用于数据库访问的组件，是 ASP 核心技术之一，利用 ADO 对象，通过 ODBC 驱动或 OLE DB 链接字符串，可实现对任意数据库的存取和访问。

4．答：ODBC 数据源是指在对数据库进行访问时，可以通过 ODBC 接口访问的具体数据库信息。

5．答：IIS 是 Internet Information Server 的缩写，是 Internet 信息服务的缩写。

6．答：虚拟目录是将物理路径的目录用一个别名来代替，该别名即为虚拟目录，利用虚拟目录可隐藏真实的目录路径，提高保密性。

7．答：在 ASP 程序设计中，通常将一个网站虚拟目录及其目录下的所有 ASP 文件称为一个 ASP 应用程序。

四、简答题

1．答：所谓动态网页是指网页文件里包含了程序代码，通过后台数据库与 Web 服务器的信息交互，由后台数据库提供实时数据更新和数据查询服务。这种网页的后缀名称一般根据不同的程序设计语言不同，如常见的有 .asp、.jsp、.php、.perl、.cgi 等形式的后缀。动态网页

能够根据不同时间和不同访问者而显示不同内容。

2．答：(1) 在服务器端运行的程序、网页、组件属于动态网页；在客户端运行的程序、网页、插件、组件属于静态网页；(2) 静态网页与动态网页不是视觉上的动与静。动态网页和页面上的各种动画、滚动字幕等视觉上的"动态效果"没有直接关系。而静态网页也可以有各种视觉上的动画效果，如 GIF 格式的动画、Flash、滚动字幕等。(3) 静态网页可以直接用浏览器打开，而动态网页不能直接用浏览器打开，必须通过服务器端把程序翻译成超文本标记语言（html）才能被浏览器解析。

3．答：(1) 首先服务器会读取 ASP 页面内容，判断是否有 ASP 服务器端的代码需要执行。(2) 假如有要运行的 ASP 代码，ASP 会将这些代码挑出来逐行进行解释；(3) ASP 运行结束后，将把结果返回给 IIS。对于那些非服务器端的脚本，或不需要 ASP 进行服务器处理的，将被返回给 IIS。脚本输出与静态 HTML 代码会进行合并，形成一个最终的网页页面；(4) IIS 把网页发送到客户端浏览器上。

4．答：第一种方法是，通过 IIS 指定一个默认脚本语言，只要是 <% 和 %> 之间的代码，ASP 在解释时会认为它使用的是默认脚本语言；第二种方法是，直接在 asp 文件中加以声明；第三种方法是，在 ASP 中，在 <Script> 中加入所需的语言。

5．答：在 ASP 中，与客户端的动态交互是通过 Request 和 Response 对象实现的，它们连接了服务器与客户机的之间的信息传递。Request 对象用于接收客户端浏览器提交的数据，而 Response 对象的功能则是将服务器端的数据发送到客户端浏览器。这两个对象的功能是对立的，它们结合在一起，便可实现客户端 Web 页面与服务器端 .asp 文件之间的数据交换。

项目十九　移动设备网页开发应用

简答题

1．答：目前针对移动开发方式可分为 3 种，具体如下：

(1) 移动 Web。在移动 Web 浏览器中运行的 Web 应用。

(2) Native App。用 Android 为 object-c 等原生语言开发的移动应用。

(3) Hybrid App。将移动 Web 页面封装在原生外壳中，以 App 的形式与用户交互。

2．答：多媒体、Canvas、本地存储、离线应用、地理定位等。

3．答：(1) 通过流体网格布局创建移动设备网页；(2) 通过示例文件创建移动设备网页。